普通高等学校"十四五"规划机械类专业精品教材

机械设计基础课程设计指导书

主编　王莉静

U0279343

华中科技大学出版社

中国·武汉

内 容 简 介

本书是为了满足各高校"机械设计基础"课程教学要求而编写的。全书内容可分为两大部分:第1部分(第1~9章)为机械设计基础课程设计指导,以一级圆柱齿轮减速器设计为例,系统地介绍了机械传动装置的设计内容、设计步骤、设计方法及注意事项;第2部分为附录,给出了机械设计常用资料,主要包括有关机械设计的常用标准和规范。

本书可作为普通高校近机械类和非机械类专业的本科生教材,也可作为高职院校机械类专业的学生进行机械设计基础课程设计的指导书,还可供从事机械设计工作的工程技术人员参考。

图书在版编目(CIP)数据

机械设计基础课程设计指导书/王莉静主编.—武汉:华中科技大学出版社,2024.4
ISBN 978-7-5772-0741-4

Ⅰ.①机… Ⅱ.①王… Ⅲ.①机械设计-课程设计-教材 Ⅳ.①TH122-41

中国国家版本馆 CIP 数据核字(2024)第 080610 号

机械设计基础课程设计指导书 王莉静 主编
Jixie Sheji Jichu Kecheng Sheji Zhidaoshu

策划编辑:万亚军
责任编辑:姚同梅
封面设计:原色设计
责任监印:朱 玢
出版发行:华中科技大学出版社(中国·武汉) 电话:(027)81321913
　　　　　武汉市东湖新技术开发区华工科技园 邮编:430223
录　　排:华中科技大学惠友文印中心
印　　刷:武汉市洪林印务有限公司
开　　本:787mm×1092mm 1/16
印　　张:7 插页:4
字　　数:184 千字
版　　次:2024 年 4 月第 1 版第 1 次印刷
定　　价:20.00 元

前　言

本书为普通高等学校"十四五"规划机械类专业精品教材,是为了满足各高校"机械设计基础"课程教学要求而编写的。

本书结合学生所学的理论知识,兼顾非机械类和近机械类专业的教学特点和教学要求,阐述了一级圆柱齿轮减速器的设计过程。全书分为两大部分。第1部分(第1～9章)为机械设计基础课程设计指导,以一级圆柱齿轮减速器设计为例,系统地介绍了机械传动装置的设计内容、设计步骤、设计方法及注意事项。第2部分为附录,给出了机械设计常用资料,主要包括有关机械设计的常用标准和规范。

本书编写以课程设计步骤为主线,循序渐进、由浅入深,以"易用、够用"为宗旨,书中用较多例题描述了具体的设计过程,并配有大量典型适用的插图,机械设计课程设计所需电动机、常用标准件等的相关资料均按最新国家标准和技术规范给出。

本书主要用于各高校机械设计基础课程设计。本书可作为普通高校近机械类和非机械类专业的本科生教材,也可作为高职院校机械类专业的学生进行机械设计基础课程设计的指导书,还可供从事机械设计工作的工程技术人员参考。

本书由天津城建大学王莉静主编,参加本书编写工作的主要有天津城建大学汪文津(第1章)、王莉静(第2、3、5、6、7章)、洪学武(第4、8章)、张倩(第9章)。附录由王莉静、洪学武、刘智光整理,并得到了刘海强、田东红、杨雯丹、赵兴利的帮助和支持,在此表示感谢。全书由天津城建大学赵坚教授主审。

在本书编写过程中我们参考了部分相关书籍,已在书末作为参考文献一一列出,在这里谨向各参考文献的作者表达衷心的感谢。

鉴于编者水平有限,书中难免存在疏漏和不足之处,敬请广大读者批评指正。

编　者

2024年1月

目　　录

第1章　概　　述

1.1　课程设计的目的

党的二十大报告指出,我国要以中国式现代化全面推进中华民族伟大复兴。而中国式现代化的本质要求之一是实现高质量发展,做到经济实力、科技实力的大幅跃升。

我国是制造业大国,产品门类齐全的制造业是实体经济的主体。机械制造离不开机械设计。课程设计作为机械设计类课程重要的教学环节,也是培养学生机械设计能力的重要实践环节。其基本目的是:

(1) 训练学生综合运用机械设计类课程和有关先修课程的知识,培养理论联系实际的设计思想,巩固、深化、融会贯通及扩展有关机械设计方面的知识;

(2) 培养学生分析和解决工程实际问题的能力,使学生了解和掌握机械零件、机械传动装置及简单机械的一般设计过程和步骤,增强学生的工程思维意识、工程创新意识,培养学生的工匠精神;

(3) 使学生熟悉设计资料(如手册、图册、标准和规范等)和经验数据的使用,提高有关设计能力(如计算能力、绘图能力等),掌握经验估算和处理数据的基本技能。

1.2　课程设计的内容和任务

课程设计通常选取机械传动装置或简单机械(如齿轮减速器)作为设计对象,其主要设计内容包括:

(1) 确定传动装置的总体设计方案;

(2) 选择电动机型号;

(3) 计算传动装置的运动和动力参数;

(4) 传动零件的设计计算;

(5) 轴的结构设计(包括轴承、键、联轴器,以及密封方式、润滑方式的选取等);

(6) 轴、轴承、键的校核;

(7) 箱体结构及其附件的设计;

(8) 绘制减速器装配图和零件图;

(9) 编写设计计算说明书。

通常,二级齿轮减速器课程设计时间为3周,一级齿轮减速器课程设计时间为2周。课程设计主要包含以下任务:

(1) 绘制减速器装配图1张;

(2) 绘制零件图1~2张;

(3) 编写计算说明书一份;

(4) 答辩。

1.3　课程设计的步骤

齿轮减速器课程设计的步骤如下。

1．课程设计准备工作

（1）熟悉任务书，明确设计的内容和要求。

（2）通过查阅资料、参观实物或模型、做减速器装拆实验等，了解减速器的结构特点和加工过程。

（3）准备好设计所需要的图书资料和用具等。

2．传动装置的总体设计

（1）确定传动方案。

（2）选取电动机类型，计算电动机所需功率，确定电动机额定转速，选定电动机型号。

（3）计算传动装置的运动和动力参数。

3．传动零件的设计计算

（1）计算带传动、齿轮传动机构的主要参数和几何尺寸。

（2）计算各传动零件上的作用力。

4．草图的绘制

（1）确定齿轮减速器的结构方案和箱体结构尺寸。

（2）进行轴、轴上零件和轴承组合的结构设计。

（3）校核轴、键的强度和滚动轴承的寿命。

（4）绘制减速器的俯视草图。

5．装配图的绘制

（1）按设计和制图要求，绘制装配图。

（2）标注尺寸与配合要求。

（3）对零件进行编号。

（4）书写技术特性、技术要求，填写标题栏和明细栏。

（5）加深线条，完成装配图。

6．零件图的绘制

绘制减速器中关键零件，如轴、齿轮等的零件图。

7．编写设计计算说明书

设计计算说明书内容包括：题目、设计任务、设计参数、目录、计算过程（附有必要的简图和说明）等，并列出参考文献。

8．答辩

答辩前应做好相关准备工作。

1.4　课程设计中应注意的问题

经过机械设计类课程的学习，学生已具备进行课程设计的能力。为达到预期的教学要求，在课程设计中应注意以下事项。

1. 认真绘制草图

草图应按照正式图所选比例进行绘制,重点注意各零件之间的相对位置,可先以简化画法画出某些结构细节。

2. 及时检查和修正

设计过程是一个边绘图、边计算、边修改的过程,应经常自查或互查,有错误应及时修改,以免造成大的返工。

3. 注意计算数据的记录和整理

应做到及时记录和整理计算数据。如有变动应及时修正,供下一步设计及编写设计说明书时使用。

4. 体现整体观念

设计时应加强整体观念,全面地考虑问题,这样会减少差错,提高设计效率。

5. 注重创新与继承

设计是将继承和创新相结合的过程。任何一个设计任务都可能有多种解决方案,因此在机械设计中应富有创新精神,而不能盲目、机械地抄袭已有的类似产品。但是,设计工作也是一项极为复杂、细致和繁重的工作。在长期的设计和生产实践中,人们已经积累了许多可供参考、借鉴的宝贵经验和资料,在设计中继承和发展这些经验和成果,不但可以减少重复性工作,也可以加快设计进度,提高设计质量。

第 2 章　传动装置的总体设计

传动装置的总体设计包括:传动方案的确定、电动机选型、传动比分配、传动装置的运动和动力参数计算。

2.1　传动方案分析

如果设计任务书中已给出传动方案,那么学生应对所给方案进行分析。

例如,图 2.1 中带式运输机的工作过程是:电动机 1 带动 V 带传动机构 2 运转,实现一次减速,然后通过减速器 3 实现一次减速,最终带动卷筒输送机 4 实现工件的运输。其中,电动机为原动机,V 带传动机构和减速器组成传动装置,卷筒输送机为工作机。

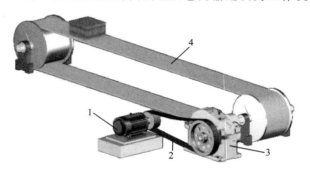

图 2.1　带式运输机工作示意图

1—电动机;2—V 带传动机构;3—减速器;4—卷筒输送机

减速器中常用机械传动装置的主要性能见表 2.1,常用机械传动装置和轴承的效率见表 2.2。

表 2.1　常用机械传动装置的主要性能

类型		传动功率 /kW	速度 /(m/s)	传动比 一般范围	特点
普通 V 带传动机构		≤500	25~30	2~4	传动平稳、噪声小、能缓冲吸振;结构简单、轴间距大、成本低;外廓尺寸大、传动比不恒定、寿命短
圆柱齿轮传动机构	一级减速器	直齿:≤750 斜齿:≤50 000	6 级精度:≤15~30 7 级精度:≤10~15	3~6	承载能力和速度范围大、传动比恒定、外廓尺寸小、工作可靠、效率高、寿命长;
	二级减速器		8 级精度:≤6~10 9 级精度:≤2~4	8~40	制造安装精度较高、噪声较大、成本较高

表 2.2　常用机械传动装置和轴承的效率

种类		效率 η	种类		效率 η
带传动机构	V 带传动	0.94~0.97	滚动轴承 （一对）	球轴承（稀油润滑）	0.99
				滚子轴承（稀油润滑）	0.98
闭式圆柱齿轮 传动机构	跑合很好的 6 级和 7 级精度齿轮传动（油润滑）	0.98~0.99	联轴器	滑块联轴器	0.97~0.99
				齿式联轴器	0.99
	8 级精度的齿轮传动（油润滑）	0.97		弹性联轴器	0.99~0.995
	9 级精度的齿轮传动（油润滑）	0.96		万向联轴器	0.95~0.98

2.2　电动机的选择

电动机是专门工厂批量生产的标准部件。设计时应根据工作机的要求和传动方案选取电动机的类型、容量（功率）和转速，并在产品目录中查出其型号和尺寸。

1. 选取电动机的类型

电动机分为直流电动机和交流电动机。由于直流电动机需要直流电源，并且结构较复杂、价格较高、维护不便等，因此无特殊要求时不宜采用。

工业上通常使用三相交流电源，若无特殊要求应选用交流电动机。其中，三相异步电动机应用最广。常用的为 Y 系列，其具有结构简单、效率高、工作可靠、价格低廉和维护方便等特点。异步电动机的铭牌上标有额定功率和满载转速。额定功率是在连续运转的条件下，电动机在发热不超过许可温升时的最大功率。满载转速是当负载达到额定功率时的电动机转速。

2. 确定电动机功率

电动机功率主要由运行发热条件确定，而电动机发热与其工作情况有关。对于长期连续运转、载荷不变或变化很小、在常温下工作的机械，当所需电动机功率 P_d 不超过电动机的额定功率 P_{cd}（即 $P_d \leqslant P_{cd}$）时，电动机工作时就不会过热，也不需要进行发热计算。

在图 2.1 中，卷筒输送机（工作机）所需的电动机功率为

$$P_d = \frac{P_w}{\eta_a} \tag{2-1}$$

式中：P_w——卷筒输送机所需功率，kW；

η_a——由电动机至卷筒输送机的传动总效率。

工作机本身所需功率 P_w 由机器的工作阻力和运动参数确定。在课程设计中，工作机本身所需功率按照设计任务书给定的工作机参数（如 F、v，或 T、n_w，又或者 T、ω 等）计算：

$$P_w = \frac{F \cdot v}{1\,000} \tag{2-2}$$

或

$$P_w = \frac{T \cdot n_w}{9\,550} \tag{2-3}$$

或

$$P_w = \frac{T \cdot \omega}{1\,000} \tag{2-4}$$

式中：F——工作机的工作阻力，N；

v——工作机的线速度，m/s；

T——工作机的阻力矩，N・m；

n_w——工作机轴的转速,r/min;

ω——工作机轴的角速度,rad/s。

传动总效率 η_a 为组成传动装置的各个运动副效率的连乘积,即

$$\eta_a = \eta_1 \cdot \eta_2 \cdot \eta_3 \cdot \cdots \cdot \eta_n \qquad (2\text{-}5)$$

式中:$\eta_1, \eta_2, \eta_3, \cdots, \eta_n$——带传动机构、轴承、齿轮、联轴器等的效率,其值参考表 2.2 选取。

计算传动总效率 η_a 时,应注意以下几点:

(1) 先初步确定齿轮精度等级和带、轴承和联轴器的类型;

(2) 表 2.2 中给出的效率值若为范围值,通常取中间值,当工作条件差、加工精度低、采用润滑脂润滑或维护不良时效率取低值,反之取高值;

(3) 轴承效率均指一对轴承的效率,当采用同类型的几对轴承时应将每一对轴承的效率都单独计入总效率,例如使用同类型的三对轴承(轴承效率为 η_2),轴承总效率为 $\eta_2 \cdot \eta_2 \cdot \eta_2 = \eta_2^3$。

3. 确定电动机的转速

同一类型、功率相同的电动机通常具有多种同步转速。例如,三相异步电动机常用的有四种同步转速,即 3 000 r/min、1 500 r/min、1 000 r/min、750 r/min,其所对应电动机转子的极对数分别为 2、4、6、8。低转速电动机的极对数多、转矩大,因此其外廓尺寸和重量都较大,价格较高,但使用这种电动机可减小传动装置的总传动比及尺寸;高转速电动机则相反。对于 Y 系列电动机,通常选用同步转速为 1 500 r/min、1 000 r/min 的。如无特殊要求,一般不选用同步转速为 750 r/min 的电动机。

根据工作机的转速和传动机构的合理传动比范围,可推算出电动机转速 n_d 的可选范围:

$$n_d = (i_0 \cdot i_1 \cdot \cdots \cdot i_n)n_w \qquad (2\text{-}6)$$

式中:$i_0, i_1, \cdots, i_n$——各级传动机构的合理传动比范围(参考表 2.1)。

注意:在后续的传动装置设计中,通常使用工作机所需电动机功率 P_d 及其满载转速代入计算。

例 2.1　已知图 2.2 中工作机的卷筒直径 $D = 300$ mm,运输带的有效拉力 $F = 3200$ N,带速 $v = 2$ m/s。带式运输机使用一级齿轮减速器,在室温下连续工作,载荷为中等冲击,工作现场有三相交流电源,试选取合适的电动机。

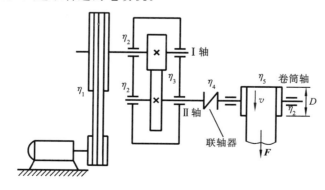

图 2.2　带式运输机的传动方案

解　(1) 选择电动机类型。

按工作要求和工作条件,选用 Y 系列三相异步电动机。

(2) 选择电动机功率。

根据式(2-1)，工作机所需的电动机功率为

$$P_{\mathrm{d}} = \frac{P_{\mathrm{w}}}{\eta_{\mathrm{a}}}$$

根据式(2-2)，工作机本身所需功率为

$$P_{\mathrm{w}} = \frac{F \cdot v}{1\,000}$$

由此可得：

$$P_{\mathrm{d}} = \frac{F \cdot v}{1\,000\,\eta_{\mathrm{a}}}$$

根据式(2-5)，由电动机至运输带的传动总效率为

$$\eta_{\mathrm{a}} = \eta_1 \cdot \eta_2 \cdot \eta_3 \cdot \eta_2 \cdot \eta_4 \cdot \eta_5 \cdot \eta_2$$

其中 η_1、η_2、η_3、η_4、η_5 分别为 V 带传动机构、滚动轴承、齿轮、联轴器和卷筒输送机的传动效率。

根据经验，确定卷筒输送机传动效率 $\eta_5 = 0.94$。查表 2.2，选取 $\eta_1 = 0.94$（V 带），$\eta_2 = 0.99$（球轴承），$\eta_3 = 0.97$（8 级精度的齿轮传动机构，油润滑），$\eta_4 = 0.99$（弹性联轴器）。则有：

$$\eta_{\mathrm{a}} = 0.94 \times 0.99 \times 0.97 \times 0.99 \times 0.99 \times 0.94 \times 0.99 = 0.82$$

所以

$$P_{\mathrm{d}} = \frac{F \cdot v}{1\,000\,\eta_{\mathrm{a}}} = \frac{3\,200 \times 2}{1\,000 \times 0.82}\ \mathrm{kW} = 7.8\ \mathrm{kW}$$

（3）确定电动机转速。

卷筒轴的工作转速为

$$n_{\mathrm{w}} = \frac{60 \times 1\,000 v}{\pi D} = \frac{60 \times 1\,000 \times 2}{300\pi}\ \mathrm{r/min} = 127.39\ \mathrm{r/min}$$

参考表 2.1，取 V 带传动机构的传动比 $i_0' = 2 \sim 4$，一级圆柱齿轮减速器传动比 $i_1' = 3 \sim 6$，则总传动比合理范围为 $i_{\mathrm{a}}' = 6 \sim 24$，故电动机转速的可选范围为

$$n_{\mathrm{d}}' = i_{\mathrm{a}}' \cdot n_{\mathrm{w}} = (6 \sim 24) \times 127.39\ \mathrm{r/min} = 764.34 \sim 3\,057.36\ \mathrm{r/min}$$

符合上述范围的同步转速有 1 000 r/min、1 500 r/min 和 3 000 r/min。当电动机同步转速为 3 000 r/min 时，传动装置的总传动比大、外廓尺寸大、制造成本高，故选取同步转速为 1 000 r/min、1 500 r/min 比较合适。以选取同步转速为 1 500 r/min 为例：根据计算出的电动机功率 $P_{\mathrm{d}} = 7.8$ kW，由附录 A 中表 A.1 查出电动机型号为 Y160M-4，其技术参数和安装尺寸见表 2.3（由附录 A 中表 A.2 查得）。

表 2.3　电动机技术参数和安装尺寸

电动机型号	额定功率 /kW	电动机转速 /(r/min)		机座号	安装尺寸 /mm						
		同步	满载		H	A	B	D	E	F	G
Y160M-4	11	1 500	1 460	160M	160	254	210	42	110	12	37

2.3　传动装置总传动比的计算及分配

根据选定的电动机满载转速 n_{m} 和工作机的转速 n_{w}，可得传动装置总传动比为

$$i_{\mathrm{a}} = \frac{n_{\mathrm{m}}}{n_{\mathrm{w}}} \tag{2-7}$$

传动装置的总传动比为各级传动比 $i_0, i_1, \cdots, i_n$ 的乘积，即

$$i_a = i_0 \cdot i_1 \cdot \cdots \cdot i_n \qquad (2\text{-}8)$$

各级传动比分配是否合理，将直接影响传动装置的外廓尺寸、重量和润滑条件等。因此，在分配各级传动机构的传动比时应遵循以下原则。

(1) 各级传动比应在常用的合理范围内（参考表 2.1）。

(2) 使各级传动零件的尺寸协调，结构匀称合理，避免零件发生干涉。如图 2.3 所示的减速器，由于 V 带传动机构传动比过大，使大带轮半径超过减速器的中心高，造成总体尺寸不协调，并给机座设计和安装带来了困难。

(3) 卧式二级圆柱齿轮减速器设计时，为保证各级大齿轮都能浸到油，应使各级大齿轮直径相近，高速级传动比大于低速级传动比，且低速级大齿轮直径稍大于高速级大齿轮，如图2.4 所示。设高速级传动比为 $i'_{齿1}$，低速级传动比为 $i'_{齿2}$，减速器的传动比为 i'_1，则减速器传动比可按以下方式进行分配：

① 二级展开式圆柱齿轮减速器 $i'_{齿1} \approx (1.2 \sim 1.4) i'_{齿2}$；

② 二级同轴式圆柱齿轮减速器 $i'_{齿1} \approx i'_{齿2} = \sqrt{i'_1}$。

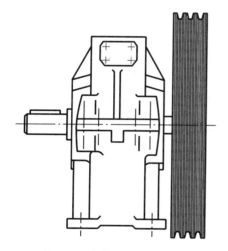

图 2.3　大带轮与地基相碰

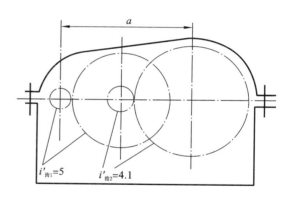

$i'_{齿1}=5$　　$i'_{齿2}=4.1$

图 2.4　二级圆柱齿轮减速器（展开式）

例 2.2　数据同例 2.1，试计算传动装置的总传动比，并分配各级传动比。

解　电动机型号为 Y160M-4，其满载转速 $n_m = 1\,460$ r/min。

(1) 计算传动装置总传动比 i_a。

根据式(2-7)，有

$$i_a = \frac{n_m}{n_w} = \frac{1\,460}{127.39} = 11.46$$

(2) 分配各级传动比。

根据式(2-8)，有

$$i_a = i_0 \cdot i_1$$

其中 i_0、i_1 分别为 V 带传动机构和一级圆柱齿轮减速器的传动比。

为使 V 带传动机构外廓尺寸不致过大，初步选取 $i_0 = 2.8$，则一级圆柱齿轮减速器传动比为

$$i_1 = \frac{i_a}{i_0} = \frac{11.46}{2.8} = 4.09$$

注意：以上传动比的分配只是初步的。当各级传动零件的参数确定后需计算其实际传动比，再确定传动装置的实际总传动比。一般允许总传动比的实际值与设计要求的规定值有 $\pm(3\% \sim 5\%)$ 的误差。

2.4　传动装置的运动参数和动力参数计算

为进行传动零件的设计计算，需计算各轴的转速、功率和转矩。以一级圆柱齿轮减速器为例给出其计算公式。

1. 各轴的转速

$$n_{\text{I}} = \frac{n_{\text{m}}}{i_0} \tag{2-9}$$

$$n_{\text{II}} = \frac{n_{\text{I}}}{i_1} = \frac{n_{\text{m}}}{i_0 \cdot i_1} \tag{2-10}$$

$$n_{\text{w}} = n_{\text{II}} \tag{2-11}$$

式中：n_{m}——电动机满载转速，r/min；

n_{I}、n_{II}、n_{w}——Ⅰ轴、Ⅱ轴、工作机轴的转速，r/min；

i_0——电动机至Ⅰ轴的传动比（V带传动机构传动比）；

i_1——Ⅰ轴至Ⅱ轴的传动比（一级齿轮减速器传动比）。

2. 各轴的输入功率

$$P_{\text{I}} = P_{\text{d}} \cdot \eta_{01} \tag{2-12}$$

$$P_{\text{II}} = P_{\text{I}} \cdot \eta_{12} = P_{\text{d}} \cdot \eta_{01} \cdot \eta_{12} \tag{2-13}$$

$$P_{\text{w}} = P_{\text{II}} \cdot \eta_{23} = P_{\text{d}} \cdot \eta_{01} \cdot \eta_{12} \cdot \eta_{23} \tag{2-14}$$

式中：P_{d}——电动机轴的输出功率，kW；

P_{I}、P_{II}、P_{w}——Ⅰ轴、Ⅱ轴、工作机轴的输入功率，kW；

η_{01}、η_{12}、η_{23}——电动机与Ⅰ轴、Ⅰ轴与Ⅱ轴、Ⅱ轴与工作机间的传动效率。

3. 各轴的输入转矩

$$T_{\text{I}} = T_{\text{d}} \cdot i_0 \cdot \eta_{01} \tag{2-15}$$

$$T_{\text{II}} = T_{\text{I}} \cdot i_1 \cdot \eta_{12} \tag{2-16}$$

$$T_{\text{w}} = T_{\text{II}} \cdot \eta_{23} \tag{2-17}$$

式中：T_{I}、T_{II}、T_{w}——Ⅰ轴、Ⅱ轴、工作机轴的输入转矩，N·m。

T_{d}——电动机轴的输出转矩，N·m，其计算式为

$$T_{\text{d}} = 9\,550 \frac{P_{\text{d}}}{n_{\text{m}}} \tag{2-18}$$

例 2.3　数据同例 2.1 和例 2.2，试计算图 2.2 所示传动装置中各轴的运动参数和动力参数。

解　（1）求各轴的转速。

由式(2-9)至式(2-11)得：

Ⅰ轴转速　$n_{\text{I}} = \frac{n_{\text{m}}}{i_0} = \frac{1\,460}{2.8}$ r/min = 521.43 r/min

Ⅱ轴转速 $\qquad n_{\mathrm{II}} = \dfrac{n_{\mathrm{I}}}{i_1} = \dfrac{521.43}{4.09}\ \mathrm{r/min} = 127.49\ \mathrm{r/min}$

卷筒轴转速 $\qquad\qquad n_{\mathrm{w}} = n_{\mathrm{II}} = 127.49\ \mathrm{r/min}$

（2）求各轴的输入功率。

由式（2-12）至式（2-14）得：

Ⅰ轴输入功率

$$P_{\mathrm{I}} = P_{\mathrm{d}} \cdot \eta_{01} = P_{\mathrm{d}} \cdot \eta_1 = 7.8 \times 0.94\ \mathrm{kW} = 7.33\ \mathrm{kW}$$

Ⅱ轴输入功率

$$P_{\mathrm{II}} = P_{\mathrm{I}} \cdot \eta_{12} = P_{\mathrm{I}} \cdot \eta_2 \cdot \eta_3 = 7.33 \times 0.99 \times 0.97\ \mathrm{kW} = 7.04\ \mathrm{kW}$$

卷筒轴输入功率

$$P_{\mathrm{w}} = P_{\mathrm{II}} \cdot \eta_{23} = P_{\mathrm{II}} \cdot \eta_2 \cdot \eta_4 = 7.04 \times 0.99 \times 0.99\ \mathrm{kW} = 6.90\ \mathrm{kW}$$

（3）求各轴的输入转矩。

电动机轴的输出转矩为

$$T_{\mathrm{d}} = 9\,550 \frac{P_{\mathrm{d}}}{n_{\mathrm{m}}} = 9\,550 \times \frac{7.8}{1\,460}\ \mathrm{N \cdot m} = 51.02\ \mathrm{N \cdot m}$$

由式（2-15）至式（2-17）得：

Ⅰ轴输入转矩

$$T_{\mathrm{I}} = T_{\mathrm{d}} \cdot i_0 \cdot \eta_{01} = T_{\mathrm{d}} \cdot i_0 \cdot \eta_1 = 51.02 \times 2.8 \times 0.94\ \mathrm{N \cdot m} = 134.28\ \mathrm{N \cdot m}$$

Ⅱ轴输入转矩

$$T_{\mathrm{II}} = T_{\mathrm{I}} \cdot i_1 \cdot \eta_{12} = T_{\mathrm{I}} \cdot i_1 \cdot \eta_2 \cdot \eta_3 = 134.28 \times 4.09 \times 0.99 \times 0.97\ \mathrm{N \cdot m} = 527.40\ \mathrm{N \cdot m}$$

卷筒轴输入功率

$$T_{\mathrm{w}} = T_{\mathrm{II}} \cdot \eta_2 \cdot \eta_4 = 527.40 \times 0.99 \times 0.99\ \mathrm{N \cdot m} = 516.90\ \mathrm{N \cdot m}$$

将传动装置的运动参数和动力参数的计算结果列于表 2.4 中。

表 2.4　传动装置运动参数和动力参数的计算结果

轴 的 名 称	功率/kW	转矩 /(N·m)	转速 /(r/min)	传动比	效率
电动机轴	7.8（输出）	51.02（输出）	1460	2.8	0.94（η_1）
Ⅰ轴	7.33（输入）	134.28（输入）	521.43	4.09	0.96（$\eta_2 \cdot \eta_3$）
Ⅱ轴	7.04（输入）	527.40（输入）	127.49	1.00	0.98（$\eta_2 \cdot \eta_4$）
卷筒轴	6.90（输入）	516.90（输入）	127.49		

第3章 传动零件的设计和联轴器的选择

传动零件的设计决定着减速器的工作性能及其尺寸大小等。设计任务书所给的工作条件和传动装置的运动、动力参数值(见表2.4),是传动零件和轴设计计算的原始依据。

3.1 减速器外部传动零件的设计计算

本章依据机械设计类教材(以下简称教材)的有关内容,对减速器外部常用的传动装置——V带传动机构在设计中应注意的问题做简要说明。

V带传动机构的设计内容包括:V带型号、基准长度 L_d、根数,带轮基准直径、中心距和作用在轴上的力等。在设计中应注意以下几点:

(1)小带轮直径应满足 $d_1 \geqslant d_{\min}$,且大、小带轮直径均应符合 V 带轮基准直径系列,如表 3.1 所示。

表 3.1 V 带轮最小基准直径

型号	Y	Z	SPZ	A	SPA	B	SPB	C	SPC	D	E
$d_{\min}$/mm	20	50	63	75	90	125	140	200	224	355	500

注:V带轮基准直径系列为20、22.4、25、28、31.5、40、45、50、56、63、71、75、80、85、90、95、100、106、112、118、125、132、140、150、160、170、180、200、212、224、236、250、265、280、300、315、355、375、400、425、450、475、500、530、560、600、630、670、710、750、800、900、1 000 等。

(2)小带轮孔径应与电动机轴直径一致,小带轮宽度 B 与电动机轴长度 E 应相适应,小带轮顶圆半径 $d_a/2$ 应小于电动机中心高 H,如图 3.1 中小带轮 d_a 和 B 均过大;大带轮半径不宜过大,以免与地基相碰(见图 2.3)等。

(3)所取设计参数应保证带传动机构具有良好的工作性能。例如,带速满足 $v_{\max} \leqslant 30$ m/s,小带轮包角 $\alpha_1 \geqslant 120°$,带的根数 $z \leqslant 10$ 等。

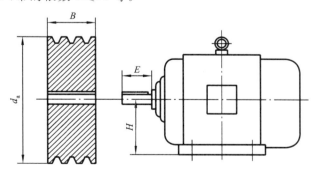

图 3.1 小带轮 d_a 和 B 均过大

例 3.1 由例 2.1 可知:电动机的输出功率 $P_d = 7.8$ kW,其满载转速 $n_m = 1\ 460$ r/min。由表 2.4 可知减速器输入轴(Ⅰ轴)的转速 $n_1 = 521.43$ r/min。图 2.1 中的带式输送机每天工作 16 h,试设计其中的普通 V 带传动机构。

解 (1)确定 V 带型号。

① 工况系数：查表 3.2 得 $K_A = 1.2$。

② 计算功率：

$$P_c = K_A P_d = 1.2 \times 7.8 \text{ kW} = 9.36 \text{ kW}$$

③ 选择 V 带型号。

根据 n_m 和 P_c 值，查图 3.2，选用 A 型带（$d_1 = 112 \sim 140$ mm）。

（2）确定带轮基准直径和带传动机构实际传动比。

① 小带轮基准直径：根据表 3.1，选取小带轮基准直径 $d_1 = 125$ mm。

② 大带轮基准直径：

$$d_2 = i_0 d_1 = 2.8 \times 125 \text{ mm} = 350 \text{ mm}$$

查表 3.1，按就近原则选取 $d_2 = 355$ mm。

③ 验算带速：

小带轮带速　$v_1 = \dfrac{\pi d_1 n_m}{60 \times 1\,000} = \dfrac{3.14 \times 125 \times 1460}{60 \times 1\,000} \text{ m/s} = 9.55 \text{ m/s}$

带速 $v_1 \leqslant 30$ m/s，满足要求。

④ 带传动机构实际传动比：

$$i_带 = \dfrac{d_2}{d_1(1-\varepsilon)} = \dfrac{355}{125 \times (1-0.02)} = 2.90$$

传动比误差在 $\pm 5\%$ 范围内，所以满足要求。

（3）确定 V 带基准长度和中心距。

① 初选中心距：

$$a_0 = 1.5(d_1 + d_2) = 1.5 \times (125 + 355) \text{ mm} = 720 \text{ mm}$$

② 求 V 带基准长度：

$$L_0 \approx 2a_0 + \dfrac{\pi}{2}(d_1 + d_2) + \dfrac{(d_2 - d_1)^2}{4a_0}$$

$$= \left[2 \times 720 + \dfrac{3.14}{2}(125 + 355) + \dfrac{(355 - 125)^2}{4 \times 720} \right] \text{ mm}$$

$$= 2\,212 \text{ mm}$$

查表 3.3，取 V 带基准长度 $L_d = 2\,200$ mm。

③ 求实际中心距：

$$a \approx a_0 + \dfrac{L_d - L_0}{2} = \left(720 + \dfrac{2\,200 - 2\,212}{2} \right) \text{ mm} = 714 \text{ mm}$$

（4）验算小带轮包角：

$$\alpha_1 = 180° - \dfrac{d_2 - d_1}{a} \times 57.3° = 180° - \dfrac{355 - 125}{714} \times 57.3° = 162° > 120°$$

（5）确定 V 带的根数。

按就近原则或插值法进行参数选取。查表 3.4，选取 $P_0 = 1.92$ kW；查表 3.5，选取 $\Delta P_0 = 0.17$；查表 3.6，选取 $K_\alpha = 0.95$；查表 3.3，选取 $K_L = 1.06$。则计算得 V 带根数为

$$z = \dfrac{P_c}{(P_0 + \Delta P_0)K_\alpha K_L} = \dfrac{9.36}{(1.92 + 0.17) \times 0.95 \times 1.06} = 4.5$$

这里取 V 带根数为 5 根。

（6）确定 V 带的初拉力和作用在轴上的压力。

① 初拉力:查表 3.7,V 带单位长度质量 $q=0.105$ kg/m,则单根 V 带的初拉力为

$$F_0 = \frac{500\,P_c}{zv}\left(\frac{2.5}{K_\alpha}-1\right)+q\,v^2 = \left[\frac{500\times 9.36}{5\times 9.55}\left(\frac{2.5}{0.95}-1\right)+0.105\times 9.55^2\right]\text{N} = 169\text{ N}$$

② 作用在轴上的压力:

$$F_Q = 2z\,F_0\sin\frac{\alpha_1}{2} = 2\times 5\times 169\times \sin\frac{162°}{2}\text{ N}=1\,669\text{ N}$$

(7) 确定带轮结构。

带轮结构设计参考附录 F,此处不赘述。

表 3.2　工况系数 K_A

载荷性质	工作机	原动机					
		空、轻载启动			重载启动		
		每天工作时间/h					
		<10	10~16	>16	<10	10~16	>16
载荷变动很小	液体搅拌机、通风机和鼓风机(≤7.5 kW)、离心式水泵和压缩机、轻载荷输送机	1.0	1.1	1.2	1.1	1.2	1.3
载荷变动较小	带式输送机(不均匀负载)、通风机(>7.5 kW)、旋转式水泵和压缩机(非离心式)、发电机、金属切削机床、印刷机、旋转筛、锯木机和木工机械	1.1	1.2	1.3	1.2	1.3	1.4
载荷变动较大	制砖机、斗式提升机、往复式水泵和压缩机、起重机、磨粉机、冲剪机床、橡胶机械、振动筛、纺织机械、重载输送机	1.2	1.3	1.4	1.4	1.5	1.6
载荷变动很大	破碎机(旋转式、颚式等)、磨碎机(球磨、棒磨、管磨)	1.3	1.4	1.5	1.5	1.6	1.8

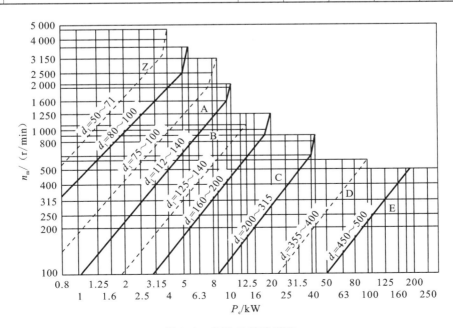

图 3.2　普通 V 带选型图

表 3.3　普通 V 带的基准长度 L_d 和带长修正系数 K_L

Z 型		A 型		B 型		C 型	
L_d/mm	K_L	L_d/mm	K_L	L_d/mm	K_L	L_d/mm	K_L
405	0.87	630	0.81	930	0.83	1 565	0.82
475	0.90	700	0.83	1 000	0.84	1 760	0.85
530	0.93	790	0.85	1 100	0.86	1 950	0.87
625	0.96	890	0.87	1 210	0.87	2 195	0.90
700	0.99	990	0.89	1 370	0.90	2 420	0.92
780	1.00	1 100	0.91	1 560	0.92	2 715	0.94
920	1.04	1 250	0.93	1 760	0.94	2 880	0.95
1 080	1.07	1 430	0.96	1 950	0.97	3 080	0.97
1 330	1.13	1 550	0.98	2 180	0.99	3 520	0.99
1 420	1.44	1 640	0.99	2 300	1.01	4 060	1.02
1 540	1.54	1 750	1.00	2 500	1.03	4 600	1.05
—	—	1 940	1.02	2 700	1.04	5 380	1.08
—	—	2 050	1.04	2 870	1.05	6 100	1.11
—	—	2 200	1.06	3 200	1.07	6 815	1.14
—	—	2 300	1.07	3 600	1.09	7 600	1.17
—	—	2 480	1.09	4 060	1.13	9 100	1.21
—	—	2 700	1.10	4 430	1.15	10 700	1.24
—	—	—	—	4 820	1.17	—	—
—	—	—	—	5 370	1.20	—	—
—	—	—	—	6 070	1.24	—	—

表 3.4　单根普通 V 带传递的基本额定功率 P_0（包角 $\alpha = \pi$、特定基准长度、载荷平稳时）

（单位：kW）

型号	小带轮基准直径 d_1/mm	小带轮转速 n_1/(r/min)															
		200	400	800	950	1 200	1 450	1 600	1 800	2 000	2 400	2 800	3 200	3 600	4 000	5 000	6 000
Z	50	0.04	0.06	0.10	0.12	0.14	0.16	0.17	0.19	0.20	0.22	0.26	0.28	0.30	0.32	0.34	0.31
	56	0.04	0.06	0.12	0.14	0.17	0.19	0.20	0.23	0.25	0.30	0.33	0.35	0.37	0.39	0.41	0.40
	63	0.05	0.08	0.15	0.18	0.22	0.25	0.27	0.30	0.32	0.37	0.41	0.45	0.47	0.49	0.50	0.48
	71	0.06	0.09	0.20	0.23	0.27	0.30	0.33	0.36	0.39	0.46	0.50	0.54	0.58	0.61	0.62	0.56
	80	0.10	0.14	0.22	0.26	0.30	0.35	0.39	0.42	0.44	0.50	0.56	0.61	0.64	0.67	0.66	0.61
	90	0.10	0.14	0.24	0.28	0.33	0.36	0.40	0.44	0.48	0.54	0.60	0.64	0.68	0.72	0.73	0.56

续表

型号	小带轮基准直径 d_1/mm	小带轮转速 n_1/(r/min)														
		200	400	800	950	1 200	1 450	1 600	1 800	2 000	2 400	2 800	3 200	3 600	4 000	5 000	6 000
A	75	0.15	0.26	0.45	0.51	0.60	0.68	0.73	0.79	0.84	0.92	1.00	1.04	1.08	1.09	1.02	0.80
	90	0.22	0.39	0.68	0.77	0.93	1.07	1.15	1.25	1.34	1.50	1.64	1.75	1.83	1.87	1.82	1.50
	100	0.26	0.47	0.83	0.95	1.14	1.32	1.42	1.58	1.66	1.87	2.05	2.19	2.28	2.34	2.25	1.80
	112	0.31	0.56	1.00	1.15	1.39	1.61	1.74	1.89	2.04	2.30	2.51	2.68	2.78	2.83	2.64	1.96
	125	0.37	0.67	1.19	1.37	1.66	1.92	2.07	2.26	2.44	2.74	2.98	3.15	3.26	3.28	2.91	1.87
	140	0.43	0.78	1.41	1.62	1.96	2.28	2.45	2.66	2.87	3.22	3.48	3.65	3.72	3.67	2.99	1.37
	160	0.51	0.94	1.69	1.95	2.36	2.73	2.54	2.98	3.42	3.80	4.06	4.19	4.17	3.98	2.67	—
	180	0.59	1.09	1.97	2.27	2.74	3.16	3.40	3.67	3.93	4.32	4.54	4.58	4.40	4.00	1.81	
B	125	0.48	0.84	1.44	1.64	1.93	2.19	2.33	2.50	2.64	2.85	2.96	2.94	2.80	2.61	1.09	
	140	0.59	1.05	1.82	2.08	2.47	2.82	3.00	3.23	3.42	3.70	3.85	3.83	3.63	3.24	1.29	
	160	0.74	1.32	2.32	2.66	3.17	3.62	3.86	4.15	4.40	4.75	4.89	4.80	4.46	3.82	0.81	
	180	0.88	1.59	2.81	3.22	3.85	4.39	4.68	5.02	5.30	5.67	5.76	5.52	4.92	3.92	—	
	200	1.02	1.85	3.30	3.77	4.50	5.13	5.46	5.83	6.13	6.47	6.43	5.95	4.98	3.47		
	224	1.19	2.17	3.86	4.42	5.26	5.97	6.33	6.73	7.02	7.25	6.95	6.05	4.47	2.14		
	250	1.37	2.50	4.46	5.10	6.04	6.82	7.20	7.63	7.87	7.89	7.14	5.60	5.12	—	—	—
	280	1.58	2.89	5.13	5.85	6.90	7.76	8.13	8.46	8.60	8.22	6.80	4.26	—	—	—	—
C	200	1.39	2.41	4.07	4.58	5.29	5.84	6.07	6.28	6.34	6.02	5.01	3.23	—	—		
	224	1.70	2.99	5.12	5.78	6.71	7.45	7.75	8.00	8.06	7.57	6.08	3.57	—	—		
	250	2.03	3.62	6.23	7.04	8.21	9.08	9.38	9.63	9.62	8.75	6.56	2.93	—	—		
	280	2.42	4.32	7.52	8.49	9.81	10.72	11.06	11.22	11.04	9.50	6.13	—	—	—		
	315	2.84	5.14	8.92	10.05	11.53	12.46	12.72	12.67	12.14	9.43	4.16	—	—	—		
	355	3.36	6.05	10.46	11.73	13.31	14.12	14.19	13.73	12.59	7.98	—	—	—	—		
	400	3.91	7.06	12.10	13.48	15.04	15.53	15.24	14.08	11.95	4.34	—	—	—	—		
	450	4.51	8.20	13.80	15.23	16.59	16.47	15.57	13.29	9.64	—						

表 3.5　单根普通 V 带在 $i\neq1$ 时额定功率的增量 $\triangle P_0$（包角 $\alpha=\pi$、特定基准长度、载荷平稳）

（单位：kW）

型号	传动比 i	小带轮转速 n_1/(r/min)									
		400	700	800	950	1 200	1 450	1 600	2 000	2 400	2 800
Z	1.35~1.51	0.01	0.01	0.01	0.02	0.02	0.02	0.02	0.03	0.03	0.04
	1.52~1.99	0.01	0.01	0.02	0.02	0.02	0.02	0.03	0.03	0.04	0.04
	≥2	0.01	0.02	0.02	0.02	0.03	0.03	0.03	0.04	0.04	0.04

型号	传动比 i	小带轮转速 $n_1/(\text{r/min})$									
		400	700	800	950	1 200	1 450	1 600	2 000	2 400	2 800
A	1.35～1.51	0.04	0.07	0.08	0.08	0.11	0.13	0.15	0.19	0.23	0.26
	1.52～1.99	0.04	0.08	0.09	0.10	0.13	0.15	0.17	0.22	0.26	0.30
	≥2	0.05	0.09	0.10	0.11	0.15	0.17	0.19	0.24	0.29	0.34
B	1.35～1.51	0.10	0.17	0.20	0.23	0.30	0.36	0.39	0.49	0.59	0.69
	1.52～1.99	0.11	0.20	0.23	0.26	0.34	0.40	0.45	0.56	0.62	0.79
	≥2	0.13	0.22	0.25	0.30	0.38	0.46	0.51	0.63	0.76	0.89
C	1.35～1.51	0.27	0.48	0.55	0.65	0.82	0.99	1.10	1.37	1.65	1.92
	1.52～1.99	0.31	0.55	0.63	0.74	0.94	1.14	1.25	1.57	1.88	2.19
	≥2	0.35	0.62	0.71	0.83	1.06	1.27	1.41	1.76	2.12	2.47

表 3.6　包角修正系数 K_α

包角 $\alpha_1/(°)$	180	170	165	160	155	150	145	140	135	130	125	120	110	100	90
K_α	1.00	0.98	0.96	0.95	0.93	0.92	0.91	0.89	0.88	0.86	0.84	0.82	0.78	0.74	0.69

表 3.7　V 带截面尺寸与单位长度质量

普通 V 带	节宽 b_p/mm	顶宽 b/mm	高度 h/mm	单位长度质量 $q/(\text{kg/m})$
Y	5.3	6	4	0.023
Z	8.5	10	6	0.060
	8.5	10	8	0.072
A	11	13	8	0.105
	11	13	10	0.112
B	14	17	11	0.170
	14	17	14	0.192
C	19	22	14	0.300
	19	22	18	0.370
D	27	32	19	0.630
E	32	38	23	0.970

3.2　减速器内部传动零件的设计计算

　　减速器外部传动零件设计完成后,应检验所计算的运动参数和动力参数有无变动。如有变动,应进行相应的修改,再进行减速器内部传动零件的设计计算。本书依据教材的有关内容,以一级减速器内部常用的传动零件——圆柱齿轮在设计中应注意的问题做简要说明。

1. 齿轮材料及热处理

（1）当齿顶圆直径 $d_a \leqslant 500$ mm 时,通常采用锻造毛坯;当 $d_a > 500$ mm 时,受锻造设备能力所限,多采用铸造毛坯。

（2）热处理可提高材料的性能,从而提高材料的承载能力。按齿面硬度,钢制齿轮分为软齿面齿轮(齿面硬度≤350 HBW)和硬齿面齿轮(齿面硬度>350 HBW)。若传递功率大、要求结构紧凑,选用碳钢、合金钢或合金铸钢,并采用表面淬火或渗碳淬火等热处理方法;若只有一般要求,则选用碳钢、铸钢或铸铁,采用正火或调质等热处理方法。

2. 齿轮传动机构的几何参数和尺寸

（1）根据表 3.8 将齿轮模数标准化。

（2）尽量将中心距圆整:对于直齿圆柱齿轮传动机构,通过调整齿轮模数 m 和齿数 z,或采用角变位方式来实现;对于斜齿轮传动机构,还可以通过调整螺旋角 β 来实现。

（3）齿宽应圆整成尾数为 0 或 5,为补偿齿轮轴向位置误差,应使小齿轮齿宽大于大齿轮齿宽 5～10 mm。

（4）对于分度圆、齿顶圆和齿根圆直径,螺旋角等啮合尺寸,以及变位系数,必须计算其精确值(长度尺寸通常精确到小数点后 2～3 位,角度精确到秒)。

（5）应尽量圆整齿轮的结构尺寸,以便于制造和测量。

表 3.8　齿轮标准模数系列　　　　　　　　　　　　(单位:mm)

第一系列	1	1.25	1.5	2	2.5	3	4	5
	6	8	10	12	16	20	25	32
第二系列	1.125	1.375	1.75	2.25	2.75	3.5	4.5	5.5
	(6.5)	7	9	(11)	14	18	22	28

注:① 本表适用于渐开线直齿和斜齿圆柱齿轮,对于斜齿轮表中模数是指法向模数 m_n。

　　② 应优先选用第一系列,括号内的数值尽量不用。

例 3.2　图 2.1 所示带式运输机由电动机驱动,空载启动,载荷为中等冲击,单向运转。试设计一级齿轮减速器中的直齿圆柱齿轮。

解　（1）对表 2.4 中的参数值进行修正。

根据例 3.1 计算出的带传动机构实际传动比 $i_带 = 2.90$,对表 2.4 中参数值进行调整,调整后的结果见表 3.9。

表 3.9　传动装置动力和运动参数调整值

轴 的 名 称	功率/kW	转矩/(N・m)	转速/(r/min)	传动比	效率
电动机轴	7.8(输出)	51.02(输出)	1460	2.9	0.94(η_1)
Ⅰ轴	7.33(输入)	139.08(输入)	503.45	3.95	0.95($\eta_2 \cdot \eta_3$)
Ⅱ轴	7.04(输入)	527.56(输入)	127.46		
卷筒轴	6.90(输入)	517.06(输入)	127.46	1.00	0.98($\eta_2 \cdot \eta_4$)

根据减速器的传动比 $i_1 = 3.95$,Ⅰ轴的转速 $n_1 = 503.45$ r/min,转矩 $T_1 = 139.08$ N・m进行直齿圆柱齿轮设计。

（2）确定齿轮精度等级、材料及许用应力。

① 参考例 2.1,初选齿轮精度等级为 8 级。

② 查表 3.10 选取小齿轮材料为 40Cr(调质),齿面硬度为 280 HBW(软齿面),接触疲劳极限 $\sigma_{Hlim1} = 700$ MPa,弯曲疲劳极限 $\sigma_{FE1} = 600$ MPa;大齿轮材料为 45 钢(调质),齿面硬度

为 240 HBW(软齿面),接触疲劳极限 $\sigma_{\text{Hlim2}} = 600$ MPa,弯曲疲劳极限 $\sigma_{\text{FE2}} = 450$ MPa。

查表 3.11,取安全系数 $S_{\text{H}} = 1.1$,$S_{\text{F}} = 1.25$。

$$[\sigma_{\text{H1}}] = \frac{700}{1.1} \text{ MPa} = 636.36 \text{ MPa}, \quad [\sigma_{\text{H2}}] = \frac{600}{1.1} \text{ MPa} = 545.45 \text{ MPa}$$

$$[\sigma_{\text{F1}}] = \frac{600}{1.25} \text{ MPa} = 480 \text{ MPa}, \quad [\sigma_{\text{F2}}] = \frac{450}{1.25} \text{ MPa} = 360 \text{ MPa}$$

(3)按齿面接触强度设计齿轮。

① 求小齿轮分度圆直径。

查表 3.12,取载荷系数 $K = 1.4$;查表 3.13,取齿宽系数 $\varphi_{\text{d}} = 1$(按对称布置选取);查表 3.14,取弹性系数 $Z_{\text{E}} = 189.8 \sqrt{\text{MPa}}$;已知 $\mu = i_1 = 3.95$,则估算小齿轮分度圆直径为

$$d_1 \geqslant 2.32 \sqrt[3]{\frac{K T_1}{\varphi_{\text{d}}} \left(\frac{\mu+1}{\mu}\right) \left(\frac{Z_{\text{E}}}{[\sigma_{\text{H1}}]}\right)^2}$$

$$= 2.32 \sqrt[3]{\frac{1.4 \times 139.08 \times 10^3}{1} \times \frac{3.95+1}{3.95} \times \left(\frac{189.8}{636.36}\right)^2} \text{ mm}$$

$$= 64.72 \text{ mm}$$

本题取小齿轮齿数 $z_1 = 40$,则 $z_2 = i_1 \cdot z_1 = 3.95 \times 40 = 158$。为使轮齿磨损均匀,取大齿轮齿数 $z_2 = 159$。

齿轮模数为

$$m = \frac{d_1}{z_1} = \frac{64.72}{40} \text{ mm} = 1.62 \text{ mm}$$

查表 3.8,取齿轮标准模数 $m = 2$ mm。因此,小齿轮的分度圆直径为

$$d_1 = z_1 \cdot m = 40 \times 2 \text{ mm} = 80 \text{ mm}$$

大齿轮的分度圆直径为

$$d_2 = z_2 \cdot m = 159 \times 2 \text{ mm} = 318 \text{ mm}$$

齿轮实际中心距为

$$a = \frac{d_1 + d_2}{z_1} = \frac{80 + 318}{2} \text{ mm} = 199 \text{ mm}$$

注意:要通过调整齿数和模数,尽量圆整中心距。

齿轮齿宽为

$$b = \varphi_{\text{d}} \cdot d_1 = 1 \times 80 \text{ mm} = 80 \text{ mm}$$

取大齿轮齿宽 $b_2 = 80$ mm,小齿轮齿宽 $b_1 = 85$ mm。

② 求齿轮传动机构实际传动比。

$$i_{\text{齿}} = \frac{z_2}{z_1} = \frac{159}{40} = 3.98$$

(4)按弯曲强度校核轮齿。

查表 3.15,根据 $z_1 = 40$,取齿形系数 $Y_{\text{Fa1}} = 2.40$,$Y_{\text{Sa1}} = 1.67$;根据 $z_2 = 159$,就近选取齿形系数 $Y_{\text{Fa2}} = 2.14$,$Y_{\text{Sa2}} = 1.83$。则轮齿的弯曲强度为

$$\sigma_{\text{F1}} = \frac{2K T_1 Y_{\text{Fa1}} Y_{\text{Sa1}}}{b_1 m^2 z_1} = \frac{2 \times 1.4 \times 139.08 \times 10^3 \times 2.4 \times 1.67}{85 \times 2^2 \times 40} \text{ MPa}$$

$$= 114.77 \text{ MPa} \leqslant [\sigma_{\text{F1}}] = 480 \text{ MPa}$$

$$\sigma_{\text{F2}} = \sigma_{\text{F1}} \frac{Y_{\text{Fa2}} Y_{\text{Sa2}}}{Y_{\text{Fa1}} Y_{\text{Sa1}}} = 114.77 \times \frac{2.14 \times 1.83}{2.4 \times 1.67} \text{ MPa} = 112.14 \text{ MPa} \leqslant [\sigma_{\text{F2}}] = 360 \text{ MPa}$$

所以，所设计的齿轮满足强度要求。

（5）确定齿轮的圆周速度。

$$v = \frac{\pi d_1 n_1}{60 \times 1\,000} = \frac{3.14 \times 80 \times 503.45}{60 \times 1\,000}\ \text{m/s} = 2.11\ \text{m/s}$$

查表 3.16 可知，选用 8 级精度齿轮是合适的。

（6）确定齿轮的相关参数。

所设计的齿轮为正常齿制齿轮，即

$$h_a^* = 1.0\ ,\quad c^* = 0.25$$

齿轮的齿顶高为

$$h_a = h_a^* \cdot m = 1 \times 2\ \text{mm} = 2\ \text{mm}$$

齿轮的齿根高为

$$h_f = (h_a^* + c^*) \cdot m = (1 + 0.25) \times 2\ \text{mm} = 2.5\ \text{mm}$$

小齿轮的齿顶圆直径、齿根圆直径分别为

$$d_{a1} = d_1 + 2h_a = (80 + 2 \times 2)\ \text{mm} = 84\ \text{mm}$$

$$d_{f1} = d_1 - 2h_f = (80 - 2 \times 2.5)\ \text{mm} = 75\ \text{mm}$$

大齿轮的齿顶圆直径、齿根圆直径分别为

$$d_{a2} = d_2 + 2h_a = (318 + 2 \times 2)\ \text{mm} = 322\ \text{mm}$$

$$d_{f2} = d_2 - 2h_f = (318 - 2 \times 2.5)\ \text{mm} = 313\ \text{mm}$$

将所设计的齿轮参数的计算结果列于表 3.17。

表 3.10　常用的齿轮材料及其力学性能

材料牌号	热处理方式	硬度	接触疲劳极限 σ_{Hlim}/MPa	弯曲疲劳极限 σ_{FE}/MPa
45	正火	156～217 HBW	350～400	280～340
	调质	197～286 HBW	550～620	410～480
40Cr	调质	217～286 HBW	650～750	560～620
	表面淬火	48～55 HRC	1 150～1 210	700～740
35SiMn	调质	207～286 HBW	650～760	550～610
40MnB	调质	241～286 HBW	680～760	580～610
38SiMnMo	调质	241～286 HBW	680～760	580～610
	表面淬火	45～55 HRC	1 130～1 210	690～720
	氮碳共渗	57～63 HRC	880～950	790
38CrMoAlA	调质	255～321 HBW	710～790	600～640
	渗氮	＞850 HV	1 000	720
20CrMnTi	渗氮	＞850 HV	1 000	715
	渗碳淬火，回火	56～62 HRC	1 500	850

续表

材料牌号	热处理方式	硬度	接触疲劳极限 σ_{Hlim}/MPa	弯曲疲劳极限 σ_{FE}/MPa
20Cr	渗碳淬火,回火	56～62 HRC	1 500	850
ZG310-570	正火	163～197 HBW	280～330	210～250
ZG340-640	正火	179～207 HBW	310～340	240～270
ZG35SiMn	调质	241～269 HBW	590～640	500～520
ZG35SiMn	表面淬火	45～53 HRC	1 130～1 190	690～720
HT300	时效	187～255 HBW	330～390	100～150
QT500-7	正火	170～230 HBW	450～540	260～300
QT600-3	正火	190～270 HBW	490～580	280～310

表 3.11 最小安全系数 S_H、S_F 的参考值

使用要求	S_{Hmin}	S_{Fmin}
高可靠度(失效概率≤1/10 000)	1.5	2.0
较高可靠度(失效概率≤1/1 000)	1.25	1.6
一般可靠度(失效概率≤1/100)	1.0	1.25

注:对于一般工业用齿轮传动,可用一般可靠度。

表 3.12 载荷系数 K

原动机	工作机械的载荷特性		
	均匀	中等冲击	大的冲击
电动机	1～1.2	1.2～1.6	1.6～1.8
多缸内燃机	1.2～1.6	1.6～1.8	1.9～2.1
单缸内燃机	1.6～1.8	1.8～2.0	2.2～2.4

表 3.13 齿宽系数 φ_d

齿轮的布置方式	齿面硬度	
	软齿面	硬齿面
对称布置	0.8～1.4	0.4～0.9
非对称布置	0.2～1.2	0.3～0.6
悬臂布置	0.3～0.4	0.2～0.25

注:轴及其支座刚度较大时取大值,反之取小值。

表 3.14　弹性系数 Z_E　　　　　　　　　（单位：$\sqrt{MPa}$）

齿轮材料	配对齿轮材料				
	灰铸铁	球墨铸铁	铸钢	锻钢	夹布胶木
锻钢	162.0	181.4	188.9	189.8	56.4
铸钢	161.4	180.5	188.0	—	—
球墨铸铁	156.6	173.9	—	—	—
灰铸铁	143.7	—	—	—	—

表 3.15　齿形系数 Y_{Fa} 及应力修正系数 Y_{Sa}

$z(z_v)$	17	18	19	20	21	22	23	24	25	26	27	28	29
Y_{Fa}	2.97	2.91	2.85	2.80	2.76	2.72	2.69	2.65	2.62	2.60	2.57	2.55	2.53
Y_{Sa}	1.52	1.53	1.54	1.55	1.56	1.57	1.575	1.58	1.59	1.595	1.60	1.61	1.62
$z(z_v)$	30	35	40	45	50	60	70	80	90	100	150	200	∞
Y_{Fa}	2.52	2.45	2.40	2.35	2.32	2.28	2.24	2.22	2.20	2.18	2.14	2.12	2.06
Y_{Sa}	1.625	1.65	1.67	1.68	1.70	1.73	1.75	1.77	1.78	1.79	1.83	1.865	1.97

表 3.16　齿轮精度等级的选择及应用

精度等级	圆周速度 $v/(m/s)$		应　　用
	直齿圆柱齿轮	斜齿圆柱齿轮	
6 级	≤15	≤30	高速重载的齿轮,如飞机、汽车和机床中的重要齿轮;分度机构中的齿轮传动
7 级	≤10	≤15	高速中载或中速重载的齿轮,如标准系列减速器中的齿轮、汽车和机床中的齿轮
8 级	≤6	≤10	机械制造中对精度无特殊要求的齿轮
9 级	≤2	≤4	低速及对精度要求低的齿轮

表 3.17　齿轮参数

名称	小齿轮	大齿轮
中心距 a/mm	199	
传动比 i	3.98	
模数 m/mm	2	
压力角 α/(°)	20	
齿数 z	40	159
分度圆直径 d/mm	80	318
齿顶圆直径 d_a/mm	84	322
齿根圆直径 d_f/mm	75	313
齿宽 b/mm	85	80

第4章 减速器的典型结构

减速器是用在原动机和工作机之间,以实现减速的闭式传动装置。常见的减速器已有标准系列,并由专业厂家生产。减速器的类型很多,但其基本结构均包括传动零件、轴系部件、箱体及附件等。本章简要介绍减速器箱体结构及其附件。

4.1 箱体结构

减速器箱体用于支撑和固定轴系零件,承受载荷,保证传动零件的啮合精度、良好润滑和密封,应具有足够的强度和刚度。减速器箱体多采用剖分式结构,由箱座和箱盖通过螺栓连接构成一个整体。其剖分面与减速器内传动零件轴线平面重合,有利于轴系部件的安装和拆卸。为保证箱体的刚度,在轴承座处设有加强肋。箱体底座要有一定的宽度和厚度,以保证安装的稳定性及刚度。

减速器箱体多使用 HT150、HT200 铸造。铸铁具有良好的铸造性和切削加工性能,成本低。当承受重载时可采用铸钢箱体。铸造箱体多用于批量生产。一级圆柱齿轮减速器铸造箱体结构如图 4.1 所示,减速器箱体结构尺寸参考表 4.1 和表 4.2。

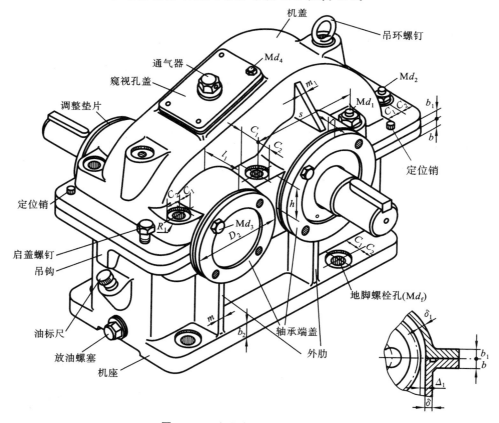

图 4.1 一级圆柱齿轮减速器结构

表 4.1　减速器箱体结构的推荐尺寸及参数

名　称	符号	减速器尺寸关系		说　明
箱座壁厚	δ	一级	$0.025a+1$ mm（$\geqslant 8$ mm）（a 为齿轮中心距）	当壁厚值小于 8 时，取为 8 mm
		二级	$0.025a+3$ mm（$\geqslant 8$ mm）（a 为低速级齿轮中心距）	
箱盖壁厚	δ_1	$(0.8\sim0.85)\delta$（$\geqslant 8$ mm）		
箱座凸缘厚度	b	1.5δ		
箱盖凸缘厚度	b_1	$1.5\delta_1$		
箱底座凸缘厚度	b_2	2.5δ		
箱座肋厚	m	$m\approx0.85\delta$		
箱盖肋厚	m_1	$m_1\approx0.85\delta_1$		
地脚螺栓数目	n	$a\leqslant250$ mm 时，$n=4$；$a>250\sim500$ mm 时，$n=6$；$a>500$ mm 时，$n=8$		二级传动时，a 为低速级齿轮中心距
地脚螺栓直径	d_f	$0.036a+12$ mm		参考表 4.2 选取
轴承旁连接螺栓直径	d_1	$0.75d_f$		参考表 4.2 选取
箱盖与箱座连接螺栓直径	d_2	$(0.5\sim0.6)d_f$		参考表 4.2 选取
轴承端盖螺钉直径	d_3	$(0.4\sim0.5)d_f$		参考附录 B 表 B.3 选取
窥视孔盖螺钉直径	d_4	$(0.3\sim0.4)d_f$		参考附录 B 表 B.3 选取
定位销直径	d	$(0.7\sim0.8)d_2$		参考附录 B 表 B.6 选取
Md_f、Md_1、Md_2 螺栓至外箱壁距离	C_1	按各自直径分别查表 4.2		
Md_f、Md_1、Md_2 螺栓至凸缘边缘距离	C_2	按各自直径分别查表 4.2		
轴承旁凸台高度	h	根据低速级轴承座外径确定，以便于扳手操作为准		
轴承旁凸台半径	R_1	$R_1=C_2$		
外箱壁至轴承座端面距离	l_1	$C_1+C_2+(5\sim8)$mm		
大齿轮齿顶圆与内箱壁距离	Δ_1	$\geqslant1.2\delta$		
齿轮端面与内箱壁距离	Δ_2	$\geqslant\delta$		

名　称	符号	减速器尺寸关系	说　明
轴承端盖外径	D_2	对于凸缘式端盖，$D_2 = D + (5 \sim 5.5) d_3$； 对于嵌入式端盖，$D_2 = 1.25D + 10$ mm	参考附录 E 表 E.1、 表 E.2 选取
轴承端盖凸缘厚度	t	$(1 \sim 1.2) d_3$	
轴承旁连接 螺栓距离	s	以 d_1 和 d_3 互不干涉为准（螺栓尽量靠近）， 一般取 $s \approx D_2$	

注：表中尺寸的单位均为 mm。

表 4.2　螺栓所需扳手空间 C_1、C_2 值和沉头座直径　　　　（单位：mm）

螺栓直径	M8	M10	M12	(M14)	M16	(M18)	M20	(M22)	M24	(M27)	M30
$C_1 (\geqslant)$	13	16	18	20	22	24	26	30	34	36	40
$C_2 (\geqslant)$	11	14	16	18	20	22	24	26	28	32	34
沉头座直径	18	22	26	30	33	36	40	43	48	53	61

注：带括号者为第二系列，应优选不带括号的第一系列。

4.2　减速器的附件

为了使减速器具备较完善的性能，需要在减速器箱体上设置一些附加装置或零件，以便于注油、排油、通气、吊运、检查油面高度、检查传动零件啮合情况、装拆和保证加工精度等。

1. 窥视孔

窥视孔应开在减速器箱盖上部，用于检查齿轮传动的啮合情况、接触斑点和间隙，并向箱体内注入润滑油，如图 4.1 所示。

2. 通气器

通气器通常安装在减速器箱体顶部，通过通气使减速器箱体内外气压一致，以避免运转时箱体内油温升高、内压增大，引起箱体内润滑油的渗漏。图 4.1 中的通气器采用含有通气孔的通气螺塞，通气螺塞被旋紧在窥视孔盖的螺孔中。

3. 轴承端盖

为了固定轴系部件的轴向位置，轴承座孔两端用轴承端盖封闭。图 4.1 中采用的是凸缘式轴承端盖，通过螺钉将其固定在减速器箱体上。在非外伸轴处的轴承端盖称为闷盖；在外伸轴处的轴承端盖称为透盖，透盖中装有密封件。

4. 启盖螺钉

为防止漏油，在减速器箱座与箱盖的接合面处常涂有密封胶或水玻璃，导致箱盖打开困难。因此，在箱盖连接凸缘的适当位置加工出 1～2 个螺孔，旋入启盖螺钉。当旋动启盖螺钉时，可将箱盖顶起。

5. 定位销

为保证减速器箱体轴承座孔的镗孔精度和装配精度，应在箱盖与箱座的连接凸缘处安装定位销。对称箱体中定位销应以非对称方式布置。例如，图 4.1 所示减速器使用了 2 个圆锥销，安置在箱体两侧的连接凸缘上。

6. 油标尺

油标尺用来指示减速器内油池油面的高度,以保证油池内含有适量的油。其常设置在箱体便于检查、油面较稳定的部位。图 4.1 中采用的油标尺是杆式油标尺。

7. 放油螺塞

换油时,为了排放污油和清洗剂,应在箱体底部、油池的最低位置处开设油孔。而注油前需使用螺塞(细牙)将放油孔堵住,如图 4.1 所示。

8. 起吊装置

为了便于搬运,在箱体上设有起吊装置。图 4.1 中减速器箱盖上装有 2 个吊环螺钉,用于吊起箱盖;箱座两端的凸缘下面铸有 2 个吊钩,用于吊运整台减速器。

9. 调整垫片

调整垫片由多个很薄的软金属片制成,用以调整轴承间隙。

第5章 减速器装配草图设计

装配图是表达各零件间相互关系、结构形状和尺寸的图样，也是机器组装、调试和维护等环节的技术依据。装配草图设计应综合考虑零件的材料、强度、刚度、加工、装拆、调整和润滑等方面的要求，还要协调各传动零件的结构和尺寸，进行轴的结构设计和强度计算、滚动轴承的组合设计、箱体及附件设计等。

5.1 轴 的 设 计

1. 初算轴径

通常，按照扭转强度初算轴径 d：

$$d \geqslant C \sqrt[3]{\frac{P}{n}} \quad (mm) \tag{5-1}$$

式中：P——轴所传递的功率，kW；

n——轴的转速，r/min；

C——由轴的材料和承载情况确定的常数，查表 5.1。

表 5.1 常用材料的 $[\tau]$ 值和 C 值

轴的材料	Q235、20	35	45	40Cr、35SiMn
$[\tau]$/MPa	12～20	20～30	30～40	40～52
C	135～160	118～135	107～118	98～107

注：当作用在轴上的弯矩比传递的转矩小或只传递转矩时，$[\tau]$ 取较大值，C 取较小值，反之均取较大值。

对于非外伸轴，初算轴径常作为轴的最大直径，应取较大的 C 值；对于外伸轴，初算轴径常作为轴的最小直径（即轴端直径），应取较小的 C 值。当外伸轴与联轴器连接时，初算轴径 d 应与联轴器孔径（参考附录 C）相匹配。若轴上开有一个键槽，初算轴径 d 增大 3%～5%；若开有两个键槽，初算轴径 d 增大 7%～10%，然后将其圆整。

2. 确定齿轮位置和箱体内壁线

设计圆柱齿轮减速器装配图时，一般从主视图和俯视图开始绘制。首先，画出齿轮的中心线，再根据齿轮直径和齿宽确定齿轮轮廓位置。为了保证全齿宽接触，通常使小齿轮的齿宽比大齿轮大 5～10 mm。其次，使大齿轮齿顶圆、齿轮端面分别与箱体内壁之间留有 Δ_1 和 Δ_2 距离（参考表 4.1），如图 5.1 和图 5.2 所示。其中，a、a_1、a_2 为齿轮中心距，l_1、l_2、l_3 为各轴上传动零件受力点与轴承支点之间的距离。

轴承座旁凸台的位置可通过扳手空间的尺寸 C_1、C_2（参考表 4.1）来确定，如图 5.3 所示。

如果轴承采用油润滑，则需安装挡油盘，其安装尺寸如图 5.4(a) 所示；如果轴承采用脂润滑，则需安装挡油板，其安装尺寸如图 5.4(b) 所示。

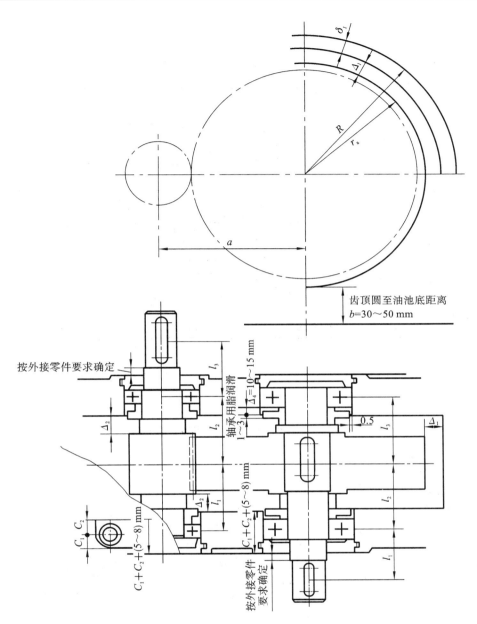

图 5.1 一级圆柱齿轮减速器初绘装配草图

3. 轴的结构设计

轴的结构设计是在初算轴径的基础上进行的。为了满足轴上零件的定位和固定要求,便于轴的加工、轴上零件的装拆,通常将轴设计成阶梯轴,如图 5.5 所示。轴的结构设计任务是合理确定阶梯轴的形状及其结构尺寸。

1)轴的各段直径

(1)轴端直径 d 图 5.5 所示的输入轴和输出轴的直径都是从轴端向中间逐渐增大,然后又逐渐减小的,形成了阶梯形结构。上述轴为外伸轴,其轴端直径 d 可根据式(5-1)计算并圆整得到。

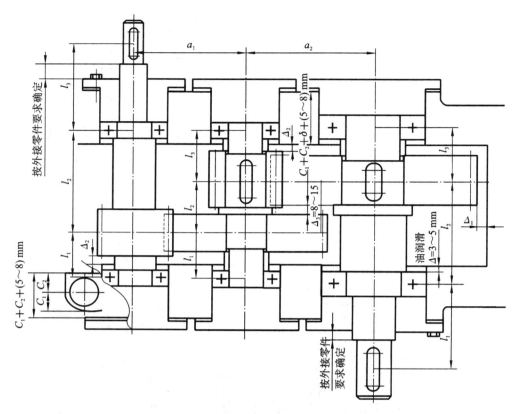

图 5.2　二级圆柱齿轮减速器初绘装配草图

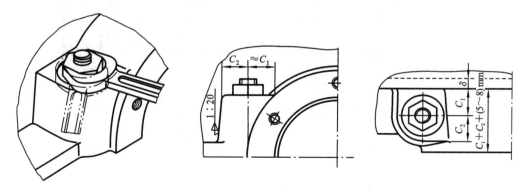

图 5.3　轴承座旁凸台的位置

（2）轴的径向尺寸　相邻轴段直径变化处的轴肩分为定位轴肩和非定位轴肩。

① 定位轴肩应使轴上零件定位可靠，如图 5.5 中的轴肩 A、轴肩 B。轴肩高度 $h = (0.07 \sim 0.1)d'$，其中 d' 为与零件配合的轴段的轴径。轴肩圆角半径 r（参考表 5.2）应小于轴上零件倒角 C 或圆角半径 r'，如图 5.5 中放大图 Ⅰ、Ⅱ 所示。当定位轴肩用于固定滚动轴承时（见图 5.8），其轴肩高度（查附录 D）应以便于拆卸轴承为标准来设计。

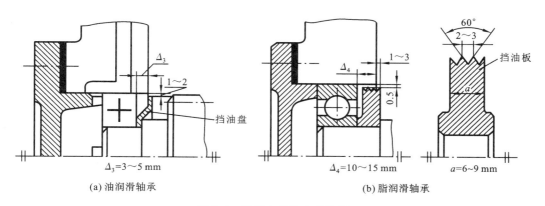

(a) 油润滑轴承　　　　　　　　　　　　　　　　(b) 脂润滑轴承

图 5.4　轴承在箱体中的位置

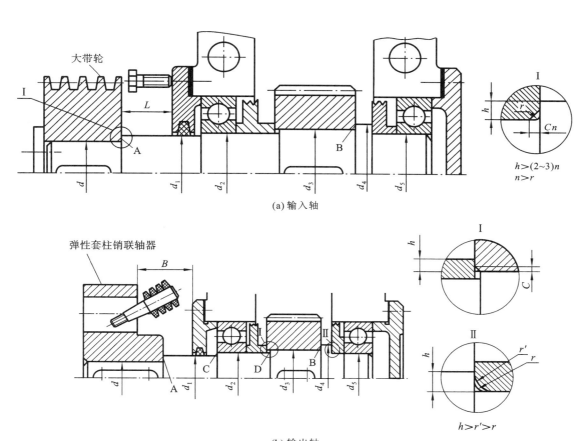

(a) 输入轴

(b) 输出轴

图 5.5　轴的结构

表 5.2　定位轴肩的尺寸　　　　　　　　　　　　　（单位：mm）

	d	r	C	d_1
	>18～30	1.0	1.6	$d_1 = d + (3 \sim 4)C$
	>30～50	1.6	2.0	
	>50～80	2.0	2.5	（计算值应尽量按标准直径圆整）
	>80～120	2.5	3.0	

② 当相邻轴段直径变化处的轴肩仅为了装拆方便或区分加工表面而设计时，其直径变化值可较小，如图 5.5 中的轴肩 C、轴肩 D，其直径变化量可取 1～3 mm。

③ 与滚动轴承、毡圈油封等标准件装配的轴段直径，除满足轴肩大小的要求外，还应取国家标准规定的标准值。

（3）砂轮越程槽和退刀槽尺寸　当轴表面需要磨削加工或切削螺纹时，为便于加工，轴径变化处应留有砂轮越程槽或退刀槽。

（4）初选轴承型号　对于普通圆柱齿轮减速器，常优先选用深沟球轴承；对于斜齿圆柱齿轮传动，如果轴承承受载荷不是很大，可选用角接触球轴承；对于载荷不平稳或载荷较大的减速器，宜选用圆锥滚子轴承。同一根轴上尽量选用同一规格的轴承，以便一次镗出轴承座孔，这样也易于保证加工精度。滚动轴承是标准件，应先根据与其配合的轴径尺寸初选轴承型号，再根据轴承寿命计算结果做必要的调整。

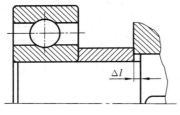

图 5.6　传动零件的轴向固定

2）各段的轴向尺寸

（1）轴上安装传动零件（如齿轮、带轮、联轴器）的轴段长度应由所装零件的轮毂长度确定。由于存在制造误差，为了保证零件轴向固定和定位可靠，应使轴的端面与轮毂端面间留有 $\Delta l = 1 \sim 3$ mm 距离，如图 5.6 所示。

（2）轴的外伸段长度取决于外接零件和轴承端盖的结构。当采用凸缘式轴承端盖时，对于轴的外伸长度，应考虑到拆装轴承端盖螺钉所需的长度 L，以便在不拆卸外接零件的情况下，能方便地拆下端盖螺钉，打开箱盖，如图 5.5（a）所示。当采用嵌入式轴承端盖时，L 可取较小值。如果轴端装有联轴器，则必须留有足够的装配距离，如图 5.5（b）中弹性套柱销联轴器所要求的安装尺寸 B。

3）轴上键槽的位置和尺寸

平键尺寸参见附录 B 表 B.8。键的长度应比键所在轴段的长度短 $\Delta = 1 \sim 3$ mm，如图 5.7 所示。键槽应靠近轮毂装入一侧，以使得装配时轮毂上的键槽易于与轴上的键对准。当轴上有多个键时，若轴径相差不大，各键可取相同的剖面尺寸。同时，轴上各键应布置在轴的同一方位，以便于轴上键槽的加工。

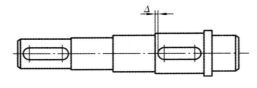

图 5.7　轴上键槽的位置

例 5.1　图 2.1 所示带式运输机中减速器的输入轴（Ⅰ轴）如图 5.5(a)所示。试确定轴上各段径向尺寸和轴承型号。

解　(1) 减速器的输入轴（Ⅰ轴）的材料选为 45 钢,调质处理。

(2) 根据表 3.9,已知Ⅰ轴的输入功率 $P_1 = 7.33$ kW, $n_1 = 503.45$ r/min。根据式(5-1),并由表 5.1 取 $C = 108$,得Ⅰ轴的初估轴径为

$$d' \geqslant C \sqrt[3]{\frac{P_1}{n_1}} = 108 \times \sqrt[3]{\frac{7.33}{503.45}} \text{ mm} = 26.37 \text{ mm}$$

由图 5.5(a)可知,Ⅰ轴含有两个键槽,因此初估轴径 d' 应增大 10%,并将其圆整成 30 mm(尽量圆整为以 0 或 5 结尾的数值)。

(3) 轴肩 A 用于定位大带轮,且轴径 d_1 与毡圈油封配合,参考附录 E 中表 E.3 确定 $d_1 = 40$ mm。

直径为 d_2 的轴段与滚动轴承配合,参考附录 D 中表 D.1 确定 $d_2 = 45$ mm。

直径为 d_3 的轴段与小齿轮配合,确定 $d_3 = 48$ mm。

轴肩 B 用于定位齿轮,确定 $d_4 = 56$ mm。

直径为 d_5 的轴段与滚动轴承配合,且两个滚动轴承采用相同的型号,所以确定 $d_5 = 45$ mm。

(4) 与轴承配合的轴段直径为 $d_2 = d_5 = 45$ mm,考虑到Ⅰ轴会承受大带轮所作用的压力 F_Q,因此参考附录 D 中表 D.1 初选 6309 滚动轴承。

5.2　联轴器的选择

图 2.1 所示带式输送机中,减速器的输出轴与工作机的输入轴通过联轴器连接。如果减速器和工作机安装在同一箱座上,可选用带有弹性元件的联轴器,如弹性柱销联轴器、弹性套柱销联轴器。如果减速器和工作机不安装在同一箱座上,则对联轴器有较高的轴线偏移补偿要求,此时可选用无弹性元件的挠性联轴器,如滑块联轴器等。

常用联轴器大多是标准件,可根据减速器的输出转矩和转速选取联轴器型号(参考附录 C)。应注意:联轴器轴孔尺寸必须与轴的直径相适应。

5.3　轴、键及轴承的强度校核

1. 确定轴上力的作用点及支点距离

轴的结构确定后,根据轴上传动零件、轴承的位置可以定出轴上力的作用点和轴的支点距离,如图 5.1、图 5.2 中的 l_1、l_2 和 l_3。当采用向心轴承时,轴承支点取在轴承宽度的中心点位置;当采用角接触轴承时,轴承支点取在距轴承外圈端面为 a(参考附录 D 中表 D.2、表 D.3)的位置,如图 5.8 所示。

2. 轴的强度校核

轴的强度校核的步骤是:首先,根据初绘装配草图所确定的轴的结构、轴承支点及轴上力的作用点,画出轴的受力简图;其次,通过计算轴所受力的大小,绘制弯矩图和转矩图;最后,在轴的危险截面处,按弯扭合成的受力状态对轴进行强度校核。

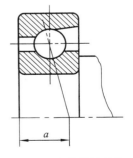

图 5.8　角接触轴承的支点位置

　　轴的危险截面应为载荷较大、轴径较小、应力集中严重的截面,如轴上的键槽、螺纹、过盈配合及轴径变化处的截面。进行轴的强度校核时,应选择若干可疑危险截面进行比较计算。当校核结果不能满足强度要求时,应对轴的设计进行修改。例如,采用增大轴的直径、修改轴的结构、改变轴的材料等方法提高轴的强度。

　　当轴的强度富余量较大时,可待轴承与键验算完成后综合考虑整体结构,再决定是否修改。

3. 键的强度校核

　　对于采用常用材料并按标准选取尺寸的平键,主要校核其挤压强度。

　　校核计算时应取键的工作长度为计算长度。许用挤压应力应选取键、轴、轮毂三者中材料强度较弱者的应力值。通常轮毂的材料强度较弱。

　　若键的强度不满足要求,可采取改变键的长度、使用双键、加大轴径以选用较大截面的键等措施来满足强度要求,也可采用花键连接。当采用双键时,两键应对称布置。考虑载荷分布的不均匀性,双键连接的强度按 1.5 个键计算。

4. 滚动轴承的寿命校核

　　轴承的寿命一般按减速器的使用寿命或检修期(2～3 年)确定。当按后者确定时,需定期更换轴承。

　　经验算,当轴承寿命不符合要求时,一般不轻易改变轴承的内孔直径,可通过改变轴承类型或直径系列提高轴承的基本额定动载荷,使轴承寿命符合要求。表 5.3 至表 5.5 所示分别为常用向心轴承、角接触球轴承、圆锥滚子轴承的径向基本额定动载荷和径向额定静载荷。

表 5.3　常用向心轴承的径向基本额定动载荷 C_r 和径向额定静载荷 C_{0r}　　　　（单位:kN）

轴承内径 /mm	深沟球轴承（60000 型）								圆柱滚子轴承（N000 型 / NF0000 型）							
	(1)0		(0)2		(0)3		(0)4		(1)0		(0)2		(0)3		(0)4	
	C_r	C_{0r}	C_r	C_{0r}	C_r	C_{0r}	C_r	C_{0r}	C_r	C_{0r}	C_r	C_{0r}	C_r	C_{0r}	C_r	C_{0r}
10	4.58	1.98	5.10	2.38	7.65	3.48										
12	5.10	2.38	6.82	3.05	9.72	5.08										
15	5.58	2.85	7.65	3.72	11.5	5.42					7.98	5.5				
17	6.00	3.25	9.58	4.78	13.5	6.58	22.5	10.8			9.12	7.0				
20	9.38	5.02	12.8	6.65	15.8	7.88	31.0	15.2	10.5	8.0	12.5	11.0	18.0	15.0		
25	10.0	5.85	14.0	7.88	22.2	11.5	38.2	19.2	11.0	10.2	14.2	12.8	25.5	22.5		
30	13.2	8.30	19.5	11.5	27.0	15.2	47.5	24.5			19.5	18.2	33.5	31.5	57.2	53.0
35	16.2	10.5	25.5	15.2	33.2	19.2	56.8	29.5			28.5	28.0	41.0	39.2	70.8	68.2
40	17.0	11.8	29.5	18.0	40.8	24.0	66.5	37.5	21.2	22.0	37.5	38.2	48.8	47.5	90.5	89.8
45	21.0	14.8	31.5	20.5	52.8	31.8	77.5	45.5			39.8	41.0	66.8	66.8	102	100
50	22.0	16.2	35.0	23.2	61.8	38.0	92.2	55.2	25.0	27.5	43.2	48.5	76.0	79.5	120	120
55	30.2	21.8	43.2	29.2	71.5	44.8	100	62.5	35.8	40.0	52.8	60.2	97.8	105	128	132
60	31.5	24.2	47.8	32.8	81.8	51.8	108	70.0	38.5	45.0	62.8	73.5	118	128	155	162

表 5.4　常用角接触球轴承的径向基本额定动载荷 C_r 和径向额定静载荷 C_{0r}　　　　（单位:kN）

轴承内径 /mm	70000C 型($\alpha=15°$)				70000AC 型($\alpha=25°$)				70000B 型($\alpha=40°$)			
	(1)0		(0)2		(1)0		(0)2		(0)2		(0)3	
	C_r	C_{0r}	C_r	C_{0r}	C_r	C_{0r}	C_r	C_{0r}	C_r	C_{0r}	C_r	C_{0r}
10	4.92	2.25	5.82	2.95	4.75	2.12	5.58	2.82				
12	5.42	2.65	7.35	3.52	5.20	2.55	7.10	3.35				
15	6.25	3.42	8.68	4.62	5.95	3.25	8.35	4.40				
17	6.60	3.85	10.8	5.95	6.30	3.68	10.5	5.65				
20	10.5	6.08	14.5	8.22	10.0	5.78	14.0	7.82	14.0	7.85		
25	11.5	7.46	16.5	10.5	11.2	7.08	15.8	9.88	15.8	9.45	26.2	15.2
30	15.2	10.2	23.0	15.0	14.5	9.85	22.0	14.2	20.5	13.8	31.0	19.2
35	19.5	14.2	30.5	20.0	18.5	13.5	29.0	19.2	27.0	18.8	38.2	24.5
40	20.0	15.2	36.8	25.8	19.0	14.5	35.2	24.5	32.5	23.5	46.2	30.5
45	25.8	20.5	38.5	28.5	25.8	19.5	36.8	27.2	36.0	26.2	59.5	39.8
50	26.5	22.0	42.8	32.0	25.2	21.0	40.8	30.5	37.5	29.0	68.2	48.0
55	37.2	30.5	52.8	40.8	35.2	29.0	50.5	38.5	46.2	36.0	78.8	56.5
60	38.5	32.8	61.0	48.5	36.2	31.5	58.2	46.2	56.0	44.5	90.0	66.3

表 5.5　常用圆锥滚子轴承的径向基本额定动载荷 C_r 和径向额定静载荷 C_{0r}　　　　（单位:kN）

轴承代号	轴承内径 /mm	C_r	C_{0r}	α	轴承代号	轴承内径 /mm	C_r	C_{0r}	α
30203	17	20.8	21.8	$12°57'10''$	30303	17	28.2	27.2	$10°45'29''$
30204	20	28.2	30.5	$12°57'10''$	30304	20	33.0	33.2	$11°18'36''$
30205	25	32.2	37.0	$14°02'10''$	30305	25	46.8	48.0	$11°18'36''$
30206	30	43.2	50.5	$14°02'10''$	30306	30	59.0	63.0	$11°51'35''$
30207	35	54.2	63.5	$14°02'10''$	30307	35	75.2	82.5	$11°51'35''$
30208	40	63.0	74.0	$14°02'10''$	30308	40	90.8	108	$12°57'10''$
30209	45	67.8	83.5	$15°06'34''$	30309	45	108	130	$12°57'10''$
302010	50	73.2	92.0	$15°38'32''$	303010	50	130	158	$12°57'10''$
302011	55	90.8	115	$15°06'34''$	303011	55	152	188	$12°57'10''$
302012	60	102	130	$15°06'34''$	303012	60	170	210	$12°57'10''$

例 5.2　同例 5.1 的计算结果,试对带式运输机中减速器的输入轴（Ⅰ轴）进行强度校核。

已知小齿轮的分度圆直径 $d=80$ mm（见例 3.2）,与小齿轮配合的轴段直径 $d_3=48$ mm（见例 5.1）,带轮作用在轴上的压力 $F_Q=1\ 669$ N（方向未定）（见例 3.1）。该轴采用深沟球轴承支承,所以支点取在轴承宽度的中心点位置,如图 5.9(a)所示。通过装配草图测量得到 $K=90$ mm,$L=140$ mm。

解　(1)求齿轮产生的作用力。

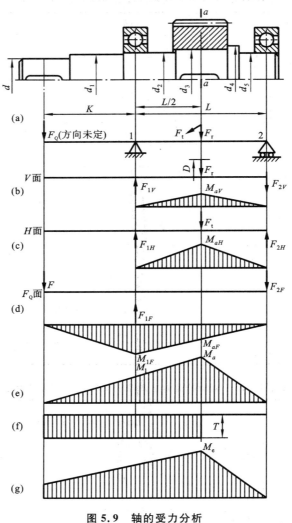

图 5.9 轴的受力分析

由表 3.9 可知，Ⅰ 轴输入转矩 $T_1 = 139.08\ \mathrm{N \cdot m}$，则齿轮产生的作用力如下：

圆周力

$$F_t = \frac{2T_1}{d} = \frac{2 \times 139.08}{80 \times 10^{-3}}\ \mathrm{N} = 3\ 477\ \mathrm{N}$$

径向力

$$F_r = F_t \tan 20° = 3\ 477 \times \tan 20°\ \mathrm{N} = 1\ 265.5\ \mathrm{N}$$

（2）求齿轮作用力在竖直面上造成的支承反力（见图 5.9(b)）。

$$F_{1V} = \frac{F_r \cdot L/2}{L} = \frac{1\ 265.5 \times 140/2}{140}\ \mathrm{N} = 632.75\ \mathrm{N}$$

$$F_{2V} = F_r - F_{1V} = (1\ 265.5 - 632.75)\ \mathrm{N} = 632.75\ \mathrm{N}$$

（3）求齿轮作用力在水平面上造成的支承反力（见图 5.9(c)）。

$$F_{1H} = F_{2H} = \frac{F_t}{2} = \frac{3\ 477}{2}\ \mathrm{N} = 1\ 738.5\ \mathrm{N}$$

（4）求力 F_Q 造成的支承反力（见图 5.9(d)）。

$$F_{1F} = \frac{F_Q \cdot (L+K)}{L} = \frac{1\,669 \times (140+90)}{140}\,\text{N} = 2\,741.9\,\text{N}$$

$$F_{2F} = F_{1F} - F_Q = (2\,741.9 - 1\,669)\,\text{N} = 1\,072.9\,\text{N}$$

（5）绘制竖直面的弯矩图（见图 5.9(b)）。

$$M_{aV} = F_{1V} \cdot L/2 = 632.75 \times \frac{140 \times 10^{-3}}{2}\,\text{N} \cdot \text{m} = 44.3\,\text{N} \cdot \text{m}$$

（6）绘制水平面的弯矩图（见图 5.9(c)）。

$$M_{aH} = F_{1H} \cdot L/2 = 1\,738.5 \times \frac{140 \times 10^{-3}}{2}\,\text{N} \cdot \text{m} = 121.7\,\text{N} \cdot \text{m}$$

（7）绘制力 F_Q 产生的弯矩图（见图 5.9(d)）。

$$M_{1F} = F_Q \cdot K = 1\,669 \times 90 \times 10^{-3}\,\text{N} \cdot \text{m} = 150.2\,\text{N} \cdot \text{m}$$

在 $a\!-\!a$ 截面处，力 F_Q 产生的弯矩为

$$M_{aF} = F_{2F} \cdot \frac{L}{2} = 1\,072.9 \times \frac{140 \times 10^{-3}}{2}\,\text{N} \cdot \text{m} = 75.1\,\text{N} \cdot \text{m}$$

（8）绘制合成弯矩图（见图 5.9(e)）。

F_Q 方向未定，当 F_Q 与水平面或竖直面共面时，产生的弯矩最大。

$$M_a = M_{aF} + \sqrt{M_{aV}^2 + M_{aH}^2} = (75.1 + \sqrt{44.3^2 + 121.7^2})\,\text{N} \cdot \text{m} = 204.6\,\text{N} \cdot \text{m}$$

$$M_1 = M_{1F} = 150.2\,\text{N} \cdot \text{m}$$

（9）绘制转矩图（见图 5.9(f)）。

由表 3.9 可知，输入轴传递的转矩 $T = T_1 = 139.08\,\text{N} \cdot \text{m}$。

（10）求危险截面的当量弯矩（见图 5.9(g)）。

由图 5.9(e)可知，$M_a > M_1$，故 $a\!-\!a$ 截面最危险，其当量弯矩为

$$M_e = \sqrt{M_a^2 + (\alpha T)^2}$$

扭转切应力为脉动循环变应力，取折合系数 $\alpha = 0.6$，代入上式可得

$$M_e = \sqrt{204.6^2 + (0.6 \times 139.08)^2}\,\text{N} \cdot \text{m} = 221\,\text{N} \cdot \text{m}$$

（11）校核轴的危险截面 $a\!-\!a$ 处强度。

选取轴的材料为 45 钢，经调质处理。

查表 5.6，得 $\sigma_b = 650\,\text{MPa}$；由表 5.7 用插值法查得 $[\sigma_{-1b}] = 59\,\text{MPa}$，则

$$d' \geqslant \sqrt[3]{\frac{M_e}{0.1[\sigma_{-1b}]}} = \sqrt[3]{\frac{221 \times 10^3}{0.1 \times 59}}\,\text{mm} = 33.46\,\text{mm}$$

考虑到键槽对轴强度的削弱，将 d' 加大 5%，故

$$d' = 1.05 \times 33.46\,\text{mm} = 35.13\,\text{mm}$$

因为此输入轴危险截面 $a\!-\!a$ 处的直径 $d_3 = 48\,\text{mm} > d'$，所以满足强度要求，安全。

表 5.6　轴的常用材料及主要力学性能

材料（热处理）	毛坯直径 /mm	硬度	抗拉强度 σ_b/MPa	屈服强度 σ_s/MPa	弯曲疲劳强度 σ_{-1}/MPa	应用说明
Q235			400	240	170	用于不重要或载荷不大的轴

续表

材料（热处理）	毛坯直径 /mm	硬度	抗拉强度 σ_b/MPa	屈服强度 σ_s/MPa	弯曲疲劳强度 σ_{-1}/MPa	应用说明
35（正火）	≤100	149～187 HBW	520	270	250	有好的塑性和适当的强度，可用于一般曲轴、转轴等
45（正火）	≤100	170～217 HBW	600	300	275	用于较重要的轴，应用最为广泛
45 调质	≤200	217～255 HBW	650	360	300	
40Cr（调质）	25		1 000	800	500	用于载荷较大而无很大冲击的重要轴
	≤100	241～286 HBW	750	550	350	
	＞100～300	241～266 HBW	700	550	340	
40MnB（调质）	25		1 000	800	485	性能接近于 40Cr，用于重要的轴
	≤200	241～286 HBW	750	500	335	
35CrMo（调质）	≤100	207～269 HBW	750	550	390	用于重载荷的轴
20Cr（渗碳淬火、回火）	15	56～62 HRC	850	550	375	用于要求强度、韧度较高，耐磨性较好的轴
	≤60		650	400	280	

表 5.7　轴的许用弯曲应力　　　　　　　　　　　（单位：MPa）

材料	σ_b	$[\sigma_{+1b}]$	$[\sigma_{0b}]$	$[\sigma_{-1b}]$
碳素钢	400	130	70	40
	500	170	75	45
	600	200	95	55
	700	230	110	65
合金钢	800	270	130	75
	900	300	140	80
	1 000	330	150	90

续表

材料	σ_b	$[\sigma_{+1b}]$	$[\sigma_{0b}]$	$[\sigma_{-1b}]$
铸钢	400	100	50	30
	500	120	70	40

例 5.3 试对例 5.1 带式运输机中减速器的输入轴（Ⅰ轴）选用的 6309 滚动轴承进行寿命校核。要求其使用年限为 5 年。

解 （1）由例 2.1 可知轴承在室温下连续工作,因此根据表 5.8,查取 $f_t = 1$ 。

（2）由例 3.2 可知轴承承受中等冲击载荷,因此根据表 5.9,查取 $f_p = 1.3$ 。

（3）根据表 5.3（附录 D 中表 D.1）查取 6309 轴承的基本额定动载荷 $C = C_r = 52.8$ kN。

（4）根据表 3.9 可知Ⅰ轴的转速 $n_1 = 503.45$ r/min。

（5）通过例 5.2 的计算结果,可知轴承 1、2 所承受的当量载荷为

$$P_1 = \sqrt{F_{1V}^2 + F_{1H}^2} + F_{1F} = (\sqrt{632.75^2 + 1\,738.5^2} + 2\,741.9)\,\text{N} = 4\,591.97\,\text{N}$$

$$P_2 = \sqrt{F_{2V}^2 + F_{2H}^2} + F_{2F} = (\sqrt{632.75^2 + 1\,738.5^2} + 1\,072.9)\,\text{N} = 2\,922.97\,\text{N}$$

因为 $P_1 > P_2$,所以只校核轴承 1 即可。

（6）预期寿命 $L'_h = 5 \times 250 \times 16$ h $= 20\,000$ h（一年按 250 个工作日计算;根据例 3.1 可知每天工作时长按 16 小时计算）。

（7）轴承寿命校核:

$$L_h = \frac{10^6}{60\,n_1}\left(\frac{f_t C}{f_p P_1}\right)^\varepsilon = \frac{10^6}{60 \times 503.45} \times \left(\frac{1 \times 52.8 \times 10^3}{1.3 \times 4\,591.97}\right)^3 \text{h} = 22\,906.94\,\text{h} > L'_h$$

所以,所选 6309 轴承满足使用要求。

表 5.8 温度系数 f_t

轴承工作温度 $t/℃$	≤105	125	150	175	200	225	250	300	350
温度系数 f_t	1	0.95	0.90	0.85	0.80	0.75	0.70	0.60	0.50

表 5.9 载荷系数 f_p

载荷性质	f_p	举例
无冲击或有轻微冲击	1.0～1.2	电动机、汽轮机、通风机、水泵
中等冲击或惯性力	1.2～1.8	车辆、机床、动力机械、传动装置、起重机、冶金设备、减速机等
强烈冲击	1.8～3.0	破碎机、轧钢机、球磨机、振动筛、石油钻机、农业机械、工程机械

第6章 装配图设计第二阶段

6.1 齿轮的结构设计

齿轮的结构形状与其几何尺寸、毛坯、材料、加工方法、使用要求等因素有关。通常先按齿轮直径选择适当的结构形式,然后再根据推荐的经验公式和数据进行结构设计。

根据毛坯制造方式的不同,齿轮主要分为锻造齿轮和铸造齿轮。

1. 锻造齿轮

齿顶圆直径 $d_a \leqslant 500$ mm 的齿轮通常采用锻造方式制造,锻造后钢材的力学性能较好。根据齿轮尺寸大小的不同,锻造齿轮主要采用以下几种结构。

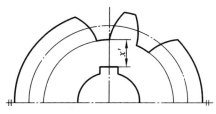

图 6.1 齿根圆与键槽底部的距离 x'

1)齿轮轴

对于圆柱齿轮,当齿根圆与键槽底部的距离(见图 6.1) $x' \leqslant 2.5m$(其中 m 为直齿轮模数,对于斜齿轮取 m_n)时,应将齿轮与轴制成一体,称为齿轮轴。这时轮齿可通过滚齿或插齿加工而成。图 6.2(a)所示为用插齿法加工的齿轮。当齿根圆直径 d_f 小于相邻的轴径 d 时,必须用滚齿法加工齿轮,如图 6.2(b)所示。

2)实心式齿轮

当齿顶圆直径 $d_a \leqslant 200$ mm 时,可采用实心式齿轮,其结构可参考附录 F 中图 F.3 设计。

3)腹板式齿轮

当齿顶圆直径 $d_a \leqslant 500$ mm 时,为了减轻重量和节约材料,常采用腹板结构,并在腹板上加工孔(钻孔或铸造孔)。其结构可参考附录 F 中图 F.4 设计。

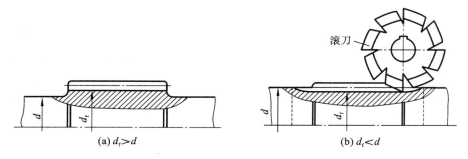

滚刀

(a) $d_f > d$ (b) $d_f < d$

图 6.2 齿轮轴

2. 铸造齿轮

由于锻造设备的限制,齿顶圆直径 $d_a>400\ mm$ 的齿轮通常采用铸造加工方式,常用材料为铸钢或铸铁,其结构可参考附录 F 中图 F.5、图 F.6 设计。对于单件或小批量生产的大齿轮,多采用铸造轮辐结构。

6.2　滚动轴承的组合设计

1. 滚动轴承的支承结构

普通齿轮减速器的轴承跨距较小,常采用两端固定支承方式。轴承内圈在轴上通过轴肩或套筒进行轴向定位,轴承外圈通过轴承端盖进行轴向固定,从而通过两端的轴承固定限制轴的双向移动。为了补偿轴的受热伸长,在一端轴承的外圈与轴承端面之间留出 $C=0.2\sim0.4\ mm$ 的轴向间隙。可通过调整垫片来控制轴向间隙,如图 6.3(a)所示;对于角接触球轴承,也可用螺钉调整轴承外圈的方法来调节轴向间隙,如图 6.3(b)所示。

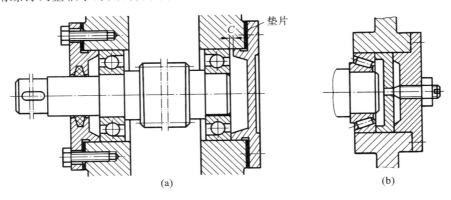

图 6.3　两端固定支承

2. 轴承端盖的结构

轴承端盖用于固定轴承、调整轴承间隙并承受轴向载荷,其分为嵌入式和凸缘式两种形式。根据轴是否穿过端盖,每一种端盖又可分为透盖和闷盖。轴承端盖的材料多为铸铁HT150 或普通碳素钢 Q125、Q235,铸造工艺性要求较高。

1) 嵌入式端盖

嵌入式端盖与箱体间不需使用螺栓连接。为增强其密封性能,常将其与 O 形密封圈配合使用,如图 6.4 所示。使用嵌入式端盖调整轴承间隙时,需打开箱盖,放置调整垫片,故嵌入式端盖多用于不经常调节间隙的轴承处。也可采用调整螺钉来调整轴承间隙,如图 6.5 所示。

2) 凸缘式端盖

采用凸缘式端盖时安装、拆卸、调整轴承间隙都较为方便,易密封,故此类端盖得到了广泛应用。但其外缘尺寸较大,调整轴承间隙和装拆箱体时,需先将其与减速器箱体间的连接螺钉拆除,如图 5.5(a)所示。对于透盖,由于安装密封件的要求,轴承端盖与轴配合处应留出较大间距(见图 5.5(a)),设计时应使整个端盖厚度均匀。

当轴承端盖与减速器箱体的配合长度 L 较大时,为减少加工面,可在端部加工出一段较小的直径 D',但必须保留足够的配合长度 l,以避免拧紧螺钉时端盖歪斜,如图 6.6 所示。为减少加工面,应使轴承端盖的外端面凹进 δ 深度。

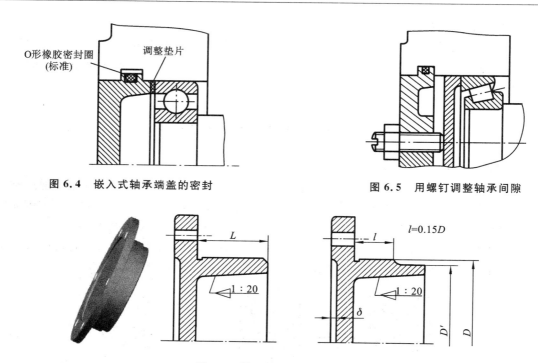

图 6.4　嵌入式轴承端盖的密封　　　　图 6.5　用螺钉调整轴承间隙

图 6.6　轴承端盖的定位长度

6.3　减速器的润滑与密封

6.3.1　齿轮的润滑

通常,闭式齿轮的润滑方式根据齿轮圆周速度 v 的大小来确定。

当齿轮圆周速度 $v \leqslant 12$ m/s 时,多采用浸油润滑方式。减速器箱体内应有足够的润滑油,以满足润滑和散热的需要。为了避免油搅动时沉渣泛起,齿顶到油池底面的距离一般为 $30 \sim 50$ mm(见图 6.7),有时可以增大到 60 mm,甚至 70mm。

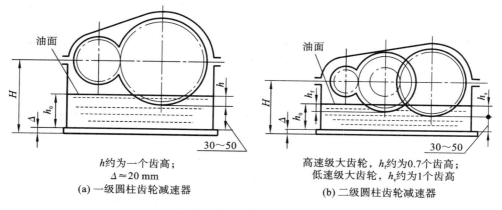

h 约为一个齿高;
$\Delta \approx 20$ mm
(a) 一级圆柱齿轮减速器

高速级大齿轮, h_t 约为0.7个齿高;
低速级大齿轮, h 约为1个齿高
(b) 二级圆柱齿轮减速器

图 6.7　浸油润滑深度

当齿轮圆周速度 $v > 12$ m/s 时,采用喷油润滑方式,即用液压泵将润滑油直接喷到齿轮啮合区,如图 6.8 所示。

6.3.2 滚动轴承的润滑与密封

1. 滚动轴承的润滑

当滚动轴承的速度因数 $dn < (2\sim3) \times 10^5$ mm·r/min(其中 d 为滚动轴承内径,mm;n 为轴承的转速,r/min)时,滚动轴承采用脂润滑;反之,则采用油润滑。

当滚动轴承采用脂润滑时,应在轴承内侧设置挡油板,如图 5.4(b)所示。

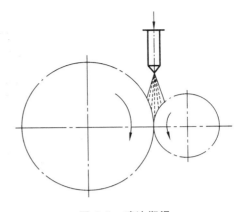

图 6.8 喷油润滑

当采用油润滑时,为利用箱体内传动件飞溅出的油润滑轴承,通常在箱座的凸缘面上开设输油沟,如图 6.9 所示。同时,在轴承端盖的端部加工出 4 个缺口,并车出一段较小的直径,以使油先流入环状间隙,再经缺口进入轴承腔内,从而保证油路畅通,如图 6.10 所示。

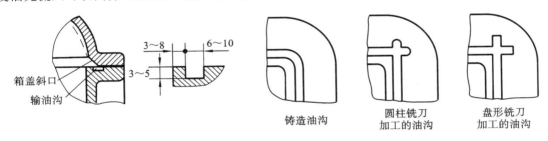

图 6.9 输油沟结构

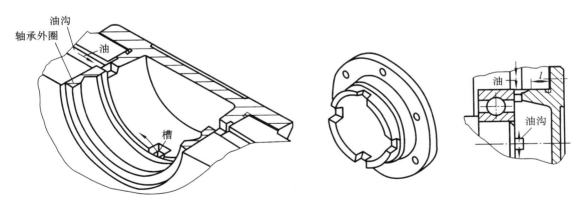

图 6.10 油润滑轴承的轴承端盖结构

2. 滚动轴承的密封

在减速器输入轴和输出轴外伸处,为防止润滑油向外泄漏及外界灰尘、水汽和其他杂质渗入,导致轴承磨损或腐蚀,应设置密封装置。常用的毡圈油封适用于脂润滑和转速不高的稀油润滑,其尺寸参考附录 E 中表 E.3。该密封方式是将矩形截面的毛毡圈嵌入梯形槽,从而产生对轴的压紧作用,防止润滑油漏出及外界杂质、灰尘侵入,如图 6.11 所示。

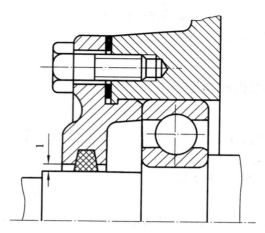

图 6.11　毡圈油封式密封装置

第7章 装配图设计第三阶段

设计中应遵循先箱体、后附件,先主体、后局部,先轮廓、后细节的结构设计顺序,并注意视图的选择、表达及视图间的关系。

7.1 箱体结构设计

减速器箱体是用于支承和固定轴承的组合结构,起着保证传动零件正常啮合、良好润滑和密封的作用。由于箱体的结构和受力情况比较复杂,故其结构尺寸通常根据经验设计确定。

1. 箱体壁与轴承座的设计

1) 箱体的壁厚应保证足够的刚度

箱体中的轴承座、箱体底座等处承受的载荷较大,可参考表4.1选稍大些的壁厚值。在图7.1中,箱座底面宽度 B 应超过内壁位置,一般 $B = C_1 + C_2 + 2\delta$,b_2 参考表4.1选取。

2) 在轴承座上设置加强肋

轴承座孔应具有一定的壁厚,为提高其刚度,还应设置加强肋,如图7.2所示。其中,肋板厚度可参考表4.1选取。当采用凸缘式端盖时,根据安装 Md_3 轴承端盖螺钉的需要确定轴承座厚度(参考表4.1)。采用嵌入式端盖时,轴承座厚度可与采用凸缘式端盖时相同。

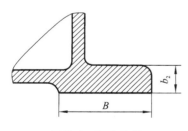

图7.1 底座凸缘

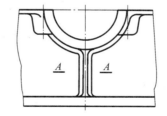

图7.2 轴承座的加强肋

3) 剖分式轴承座设置凸台

为提高剖分式箱体轴承座的刚度,需在轴承座旁设置螺栓凸台,如图7.3所示。其中,连接螺栓的间距 s 近似取为轴承端盖外径 D_2(参考表4.1),凸台高度 h 应保证足够的螺母扳手操作空间(C_1、C_2 参考表4.2)。设计时,先确定最大轴承座孔的凸台高度尺寸,其余凸台高度与其尽量保持一致。轴承座外端面应向外凸出 5~8 mm(见图5.3(c)),以便于切削加工。

2. 箱体的密封

为了保证箱盖与箱座连接处密封,接合表面应精刨,重要的部位需刮研。凸缘连接螺栓的间距不宜过大,一般为 150~200 mm。为了提高接合面密封性,在箱座连接凸缘的上表面上常铣出回油沟,使渗入凸缘连接缝隙面上的油重新流回箱体内部,如图7.4所示。回油沟与输油沟(见图6.9)尺寸相同。

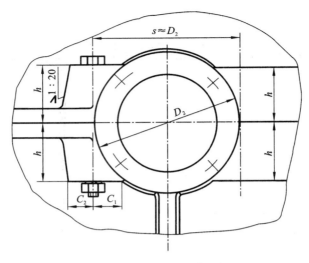

图 7.3 轴承座旁螺栓凸台

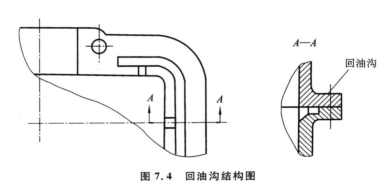

图 7.4 回油沟结构图

3. 箱盖外轮廓的设计

箱盖顶部外轮廓常由圆弧和直线组成,如图 5.1 所示。大齿轮所在一侧的箱盖外表面圆弧半径 $R = \dfrac{d_{a2}}{2} + \Delta_1 + \delta_1$,其中 d_{a2} 为大齿轮齿顶圆直径,Δ_1、δ_1 参考表 4.1。减速器箱盖可参考附录 G 中图 G.1 设计。

7.2 减速器附件设计

减速器各种附件的名称及作用见 4.2 节。

1. 窥视孔和窥视孔盖

窥视孔应设计在箱盖顶部能直接观察到齿轮啮合部位的地方,其形状为长方形,其大小以手能伸入箱体内为宜。在箱体上开窥视孔处应制出凸台,以便加工出支承窥视孔盖的表面并放入密封垫密封,如图 7.5 所示。窥视孔盖通常用钢板或铸铁制成,而钢板应用较广泛,其结构和尺寸可参考附录 E 中表 E.6 设计。

2. 通气器

当通气器安装在钢板制的窥视孔盖上时,需通过扁螺母将其固定。为防止螺母脱落到减

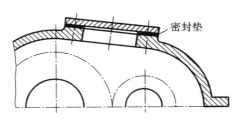

图 7.5　窥视孔与孔盖

速器箱体内,可将螺母焊接在窥视孔盖上,如图 7.6(a)所示。若窥视孔盖是用铸铁制成的,则需在铸件上加工出螺纹孔和凸台,如图 7.6(b)所示。通气器的通气孔不直接通向顶端,以免灰尘落入。这两种通气器均属于简易通气器,用于较清洁的场合。通气器的结构尺寸可参考附录 E 中表 E.7 设计。

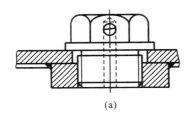

(a)

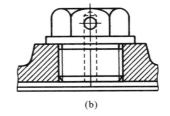

(b)

图 7.6　简易通气器

3. 启盖螺钉

启盖螺钉的直径可与减速器箱体凸缘连接处的螺栓直径(如图 4.1 中的 Md_2)相同,其螺纹有效长度应大于凸缘厚度,如图 7.7 所示。螺钉端部可制成圆柱形并光滑倒角或制成半球形。

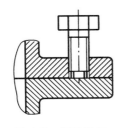

图 7.7　启盖螺钉

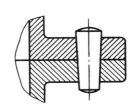

图 7.8　定位销

4. 定位销

减速器箱体连接常采用圆锥销作为定位销,其直径 $d = (0.7 \sim 0.8) d_2$(d_2 参考表 4.1),其长度应大于箱盖、箱座凸缘厚度之和,如图 7.8 所示。圆锥销为标准件,其尺寸见附录 B 中表 B.9。

5. 油标尺

油标尺上有表示最高和最低油面的刻线。将油标尺拔出,可以根据油标上的油痕判断油面高度是否合适。通常,采用螺纹连接(或过盈配合连接)将油标尺安装在箱体侧面。设计时应合理地确定油标尺插孔的位置和倾斜角度,既要避免箱体内的润滑油溢出,又要便于油标尺的插取及油标尺插孔的加工,如图 7.9 所示。油标尺的结构尺寸可参考附录 E 中表 E.8 设计。

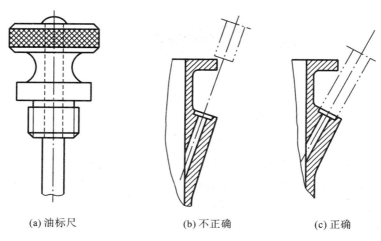

(a) 油标尺　　　　　　　(b) 不正确　　　　　　　(c) 正确

图 7.9　油标尺及其安装位置

6. 放油螺塞

放油孔应设置在油池最低处,如图 7.10 所示。采用圆柱螺塞时,箱座上装螺塞处应设置凸台,并加垫片密封。放油螺塞的结构尺寸可参考附录 E 中表 E.9。

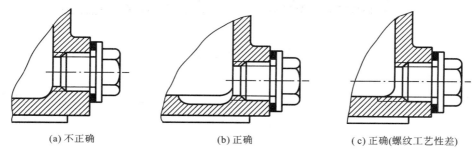

(a) 不正确　　　　　　　(b) 正确　　　　　　(c) 正确(螺纹工艺性差)

图 7.10　放油孔的位置

7. 起吊装置

吊环螺钉为标准件,可根据整台减速器的重量参考附录 E 中表 E.10 选取。为保证吊运安全,通常每台减速器应设置两个吊环螺钉。吊环螺钉应完全旋入箱盖上的螺孔中,所旋入螺纹部分不宜太短,如图 7.11 所示。此外,在安装吊环螺钉处还应设置凸台或沉头座。

使用吊环螺钉增加了机加工工序,所以常在箱座两端直接铸出吊钩或吊耳,其结构尺寸可参考附录 E 中表 E.11。

7.3　装配图的检查及修改

减速器装配草图(见图 7.12)完成后,应认真地进行检查及修改。

检查的主要内容为:装配图设计与传动方案布置是否一致;输入、输出轴的位置及结构尺寸是否符合设计要求;图面布置和表达方式是否合适;视图选择和投影关系是否正确;传动零件、轴、轴承、箱体、附件及其他零件结构是否合理;定位、固定、调整、加工、装拆是否方便可靠;重要零件的结构尺寸,如中心距、分度圆直径、齿宽、轴的结构尺寸等与设计计算结果是否一致。

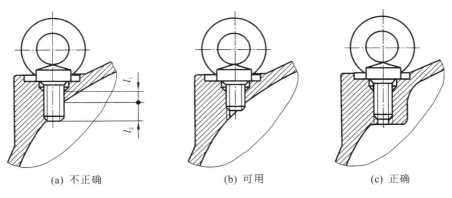

(a) 不正确　　　　　　　　　(b) 可用　　　　　　　　　(c) 正确

图 7.11　吊环螺钉的安装

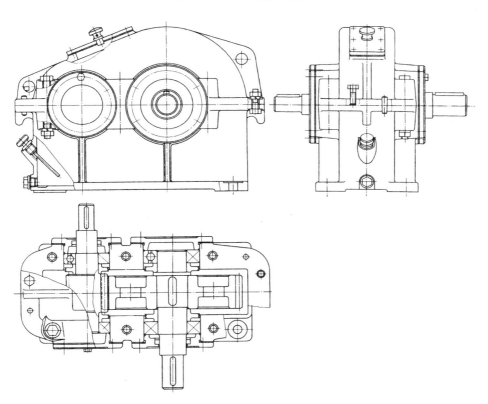

图 7.12　一级圆柱齿轮减速器第三阶段装配草图

第8章 装配图的完成

完整的装配图应包括表达减速器结构的各个视图、主要尺寸及公差配合、技术特性、技术要求、零件编号、零件明细表和标题栏等。

在装配图上应尽量避免使用虚线表示零件结构。对于必须表达的内部结构或某些附件的结构，可采用局部视图或局部剖视图表示。画剖视图时，同一零件在各剖视图中的剖面线方向应一致。相邻的不同零件，其剖面线方向或间距应不同，以示区别。对于较薄的零件（厚度不大于 2 mm），其剖面可以涂黑。

8.1 标注尺寸

装配图上应标注四类尺寸。

(1) **外形尺寸**：减速器的总长、总宽和总高。

(2) **特性尺寸**：如传动零件的中心距及偏差。

(3) **安装尺寸**：减速器的中心高、轴外伸端配合轴段的长度和直径、地脚螺栓孔的直径和位置尺寸、箱座底面尺寸等。

(4) **配合尺寸**：表示零件之间配合性质的尺寸。减速器主要零件的推荐配合参见表8.1。

表 8.1　减速器主要零件的推荐配合

配合零件			推荐配合	装拆方法
一般齿轮、带轮、联轴器与轴的配合	一般情况		$\dfrac{H7}{r6}$	用压力机
	较少装拆		$\dfrac{H7}{n6}$	用压力机
滚动轴承内圈与轴的配合（内圈旋转）	轻载荷 $P_r/C_r \leqslant 0.06$	$d>18\sim100$ mm	j6	用温差法或压力机
		$d>100\sim200$ mm	k6	
	正常载荷 $P_r/C_r \leqslant 0.06\sim0.12$	$d>18\sim100$ mm	k5	
		$d>100\sim140$ mm	m5	
滚动轴承外圈与箱体轴承座孔的配合（外圈不转）			H7、G7	手锤装拆
轴承端盖与箱体轴承座孔的配合			$\dfrac{H7}{d11}$、$\dfrac{H7}{h8}$、$\dfrac{H7}{f9}$	徒手装拆

8.2　编写技术特性和技术要求

在装配图的适当位置写出减速器的技术特性,包括:减速器的输入功率和输入轴的转速、减速器传动比等。

在装配图上应写明有关装配、调整、检验和维护等方面的技术要求。减速器的技术要求通常包括以下内容:

(1)装配前,所有零件均应清除铁屑并用煤油或汽油清洗,箱体内不许有任何杂物存在,内壁应涂上防蚀涂料。

(2)注明传动零件及轴承所用润滑剂的牌号、用量、补充和更换的时间。

(3)箱体剖分面及轴外伸段密封处均不允许漏油,箱体剖分面上不允许使用任何垫片,但允许涂刷密封胶或水玻璃。

(4)写明对传动侧隙和接触斑点的要求,并作为装配时检查的依据。

(5)对安装调整的要求。对于两端固定支承的轴系,若采用不可调间隙的轴承(如深沟球轴承),则要注明轴承端盖与轴承外圈端面之间应保留的轴向间隙大小(一般为 0.25～0.4 mm)。

(6)其他要求,即对减速器试验、外观、包装盒运输等提出的一些要求。

8.3　对所有零件进行编号

在装配图上应对所有零件进行编号,不能遗漏,也不能重复。注意:图上完全相同的零件只编一个序号。

对零件编号时,可按顺时针或逆时针方向顺序依次排列引出指引线,各指引线不应相交。螺栓、螺母和垫圈可共用一条指引线并分别编号,如图 8.1 所示。零件指引线不得交叉,尽量不与剖面线平行;编号数字应比图中数字大一号,标准件和非标准件可混编序号或分编序号。

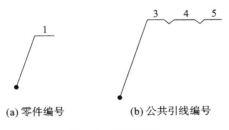

(a) 零件编号　　　　　(b) 公共引线编号

图 8.1　编号样例

8.4　编写零件明细表和标题栏

明细表用于列出减速器装配图中表达的零件。对于每一个编号的零件,在明细表上都要按序号列出其名称、数量、材料与规格。

标题栏应布置在图纸的右下角,主要注明减速器的名称、比例、设计者姓名等。

标题栏和明细表的格式可参照图 8.2。

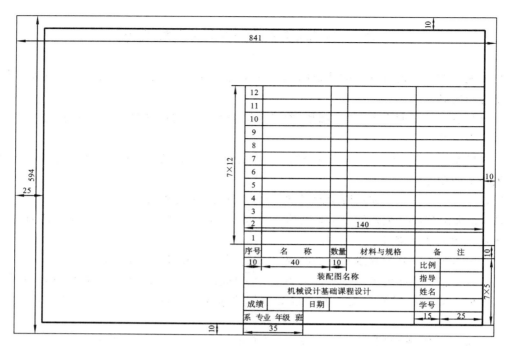

图 8.2　标题栏和明细表样例

8.5　检查装配图

装配图完成后,应再仔细按照下列项目进行检查:

(1) 视图的数量是否足够,减速器的工作原理、结构和装配关系是否表达清楚;

(2) 尺寸标注是否正确,各处配合与精度的选择是否适当;

(3) 技术要求和技术性能是否完善、正确;

(4) 零件编号是否齐全,标题栏及明细表各项是否正确,有无遗漏。

图样检查并修改后,注意保持图面整洁,文字和数字要求清晰。

第9章　设计计算说明书编写和答辩

9.1　设计计算说明书的内容

设计计算说明书是图纸设计的理论依据,是设计计算的总结,也是审核设计是否合理的技术文件之一。因此,编写设计计算说明书是设计工作的一个重要环节。

设计计算说明书的主要内容大致包括:

(1) 设计计算说明书封皮(含有设计题目、设计者姓名、学号、班级等);

(2) 设计任务书(含有传动方案简图和设计参数);

(3) 目录;

(4) 电动机的选择;

(5) 传动装置运动及动力参数计算;

(6) 传动零件的设计计算;

(7) 轴的设计计算;

(8) 键的型号选择和校核计算;

(9) 滚动轴承的选择和寿命计算;

(10) 联轴器的选择;

(11) 润滑及密封装置的选择;

(12) 参考资料。

9.2　设计计算说明书的编写要求

设计计算说明书需使用黑色或蓝色笔书写。要求计算正确、论述清楚、文字简练、插图简明、书写整洁。

(1) 对于计算部分,要先列出以文字符号表达的计算公式,再代入各文字符号对应的数值,最后写下计算结果(注意单位的统一)。

(2) 对所引用的计算公式和数据,应注明来源——参考资料的编号和页次。

(3) 对计算结果应有简短的结论,如说明滚动轴承的选择是否满足使用条件。

(4) 应附有必要的简图,如轴的受力分析图、弯矩图和转矩图等。

(5) 对每一自成单元的内容,都应用大小标题,使其醒目突出。

(6) 在说明书中的"计算及说明"部分,需写出设计及计算的全部过程。在其"结果"部分,只需注明重要的零件参数、校核结果和公式,以及经验数据的来源。

9.3　设计计算说明书书写格式举例

设计计算说明书的书写格式如表9.1所示。

表 9.1　设计计算说明书示例

计算及说明	结　　果
一、确定传动装置的总体设计方案 　　　如设计任务书所示,确定为一级卧式齿轮减速器,其具体分布如任务 书所示。 　　　　　　　　　　⋮	传动装置的总体设计方案 为: 　　　　　⋮
二、选择电动机 　　　1. 选择电动机类型和结构形式 　　　　　　　　　　⋮ 　　　2. 确定电动机的功率 　　　　　　　　　　⋮ 　　　3. 确定电动机的转速 　　　　　　　　　　⋮	电动机型号: Y160M-4
三、传动装置总传动比的计算及分配 　　　1. 计算传动装置的总传动比 　　　　　　　　　　⋮ 　　　2. 分配传动装置的传动比 　　　　　　　　　　⋮	传动装置的总传动比为: 11.46 减速器传动比为:4.09
四、计算传动装置的运动和动力参数 　　　1. 确定各轴转速 　　　　　　　　　　⋮ 　　　2. 确定各轴的输入功率 　　　　　　　　　　⋮ 　　　3. 确定各轴的转矩 　　　　　　　　　　⋮	带轮计算公式和有关数据 引自教材第××～××页
五、带传动的设计计算 　　　1. 确定 V 带型号 　　　　　　　　　　⋮ 　　　2. 确定带轮的基准直径 　　　　　　　　　　⋮ 　　　3. 确定带轮基准长度和中心距 　　　　　　　　　　⋮ 　　　4. 确定 V 带根数 　　　　　　　　　　⋮ 　　　5. 确定 V 带初拉力和轴上压力 　　　　　　　　　　⋮ 　　　　　　　　　　⋮	带传动的主要参数: A 型带 $d_1 = 125$ mm $d_2 = 350$ mm $L_d = 2\ 200$ mm $a = 714$ mm $z = 5$

计算及说明	结　　果
6. 确定大带轮结构图 　　　　　　⋮ 　　　　　　⋮ 六、齿轮传动的设计计算 　　1. 选择齿轮的材料及确定许用应力 　　　　　　⋮ 　　2. 按齿面接触强度设计齿轮（当齿轮为软齿面齿轮时） 　　　　　　⋮ 　　3. 按弯曲强度校核轮齿 　　　　　　⋮ 　　4. 计算齿轮的圆周速度 　　　　　　⋮ 　　5. 齿轮结构图及相关参数 　　　　　　⋮ 七、轴的设计和校核 　　1. 输入轴的设计和校核 　　1）输入轴的设计 　　　　　　⋮ 　　2）输入轴的结构和几何参数 　　　　　　⋮ 　　3）输入轴的校核 　　　　　　⋮	$F_0 = 169$ N $F_Q = 1\ 669$ N 齿轮计算公式和有关数据引自教材第××～××页 公式引自［×］ $\sigma_F \leqslant [\sigma_F]$ 齿轮传动的主要参数： $i = 3.95, m = 2$ mm $z_1 = 40, z_2 = 159$ $a = 199$ mm, $b_1 = 85$ mm $b_2 = 80$ mm 轴的计算公式和有关数据皆引自教材第××～××页 公式引自［×］ 输入轴安全

续表

计算及说明	结　　果
八、键型号选择和校核计算 ⋮	输入轴中键的型号为： $b \times h \times k$ 键的计算公式和有关数据引自教材第××～××页 公式引自[×]
九、滚动轴承型号选择和寿命计算 ⋮	输入轴滚动轴承的型号： ××××× 输出轴滚动轴承的型号： ××××× 滚动轴承的计算公式和有关数据皆引自教材第××～××页 公式引自[×]
十、联轴器的选择	输出轴联轴器的型号： ×××××
十一、润滑和密封方式的选择 ⋮	齿轮机构的润滑方式： ××××× 轴承的润滑方式： ××××× 密封方式： ×××××

9.4　答　　辩

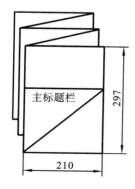

图 9.1　折叠后的图纸

　　答辩作为课程设计的重要组成部分,主要用于检查学生实际掌握知识的情况和设计的成果。通过答辩设计者可以对所设计的内容有更全面的了解,因此答辩也是设计者的一次知识能力再提高的过程。

　　答辩前,应认真整理和检查图纸及设计说明书。通过系统、全面的回顾和总结,明白设计中每一个数据、公式的使用,装配图上的结构设计问题,每一线条的画图依据以及技术要求等。

　　最后把图纸叠好,将说明书装订好,准备答辩。图纸的折叠方法参见图 9.1。

附录 A 电 动 机

表 A.1 Y系列(IP44)三相异步电动机技术参数

型 号	额定功率/kW	满 载 时				堵转转矩额定转矩	堵转电流额定电流	最大转矩额定转矩	噪声(声功率级)/dB(A)		振动速度/(min·s⁻¹)	转动惯量/(kg·m²)	质量(B3)/kg
		额定电流/A	额定转速/(r/min)	效率/(%)	功率因数cosφ				1级	2级			
同步转速 3 000 r/min													
Y80M1-2	0.75	1.8	2 830	75.0	0.84	2.2	6.5	2.3	66	71	1.8	0.000 75	17
Y80M2-2	1.1	2.5	2 830	77.0	0.86	2.2	7.0	2.3	66	71	1.8	0.000 9	18
Y90S-2	1.5	3.4	2 840	78.0	0.85	2.2	7.0	2.3	70	75	1.8	0.001 2	22
Y90L-2	2.2	4.8	2 840	80.5	0.85	2.2	7.0	2.3	70	75	1.8	0.001 4	25
Y100L-2	3	6.4	2 880	82.0	0.87	2.2	7.0	2.3	74	79	1.8	0.002 9	34
Y112M-2	4	8.2	2 890	85.5	0.87	2.2	7.0	2.3	74	79	1.8	0.005 5	45
Y132S1-2	5.5	11.1	2 900	85.5	0.88	2.0	7.0	2.3	78	83	1.8	0.010 9	67
Y132S2-2	7.5	15.0	2 900	86.2	0.88	2.0	7.0	2.3	78	83	1.8	0.010 9	72
Y160M1-2	11	21.8	2 930	87.2	0.88	2.0	7.0	2.3	82	87	2.8	0.037 7	115
Y160M2-2	15	29.4	2 930	88.2	0.88	2.0	7.0	2.3	82	87	2.8	0.044 9	125
Y160L-2	18.5	35.5	2 930	89.0	0.89	2.0	7.0	2.2	82	87	2.8	0.055	145
Y180M-2	22	42.2	2 940	89.0	0.89	2.0	7.0	2.2	87	92	2.8	0.075	173
Y200L1-2	30	56.9	2 950	90.0	0.89	2.0	7.0	2.2	90	95	2.8	0.124	232
Y200L2-2	37	69.9	2 950	90.5	0.89	2.0	7.0	2.2	90	95	2.8	0.139	250
Y225M-2	45	84.0	2 970	91.5	0.89	2.0	7.0	2.2	90	97	2.8	0.233	312
Y250M-2	55	103	2 970	91.5	0.89	2.0	7.0	2.2	92	97	4.5	0.312	387
同步转速 1 500 r/min													
Y80M1-4	0.55	1.5	1 390	73.0	0.76	2.4	6.0	2.3	56	67	1.8	0.001 8	17
Y80M2-4	0.75	2	1 390	74.5	0.76	2.3	6.0	2.3	56	67	1.8	0.002 1	17
Y90S-4	1.1	2.7	1 400	78.0	0.78	2.3	6.5	2.3	61	67	1.8	0.002 1	25
Y90L-4	1.5	3.7	1 400	79.0	0.79	2.3	6.5	2.3	62	67	1.8	0.002 7	26
Y100L1-4	2.2	5	1 430	81.0	0.82	2.2	7.0	2.3	65	70	1.8	0.005 4	34
Y100L2-4	3	6.8	1 430	82.5	0.81	2.2	7.0	2.3	65	70	1.8	0.006 7	35

续表

型　号	额定功率/kW	满载时				堵转转矩/额定转矩	堵转电流/额定电流	最大转矩/额定转矩	噪声(声功率级)/dB(A)		振动速度/(min·s⁻¹)	转动惯量/(kg·m²)	质量(B3)/kg
		额定电流/A	额定转速/(r/min)	效率/(%)	功率因数cosφ				1级	2级			
Y112M-4	4	8.8	1 440	84.5	0.82	2.2	7.0	2.3	68	74	1.8	0.009 5	47
Y132S-4	5.5	11.6	1 440	85.5	0.84	2.2	7.0	2.3	70	78	1.8	0.021 4	68
Y132M-4	7.5	15.4	1 440	87.0	0.85	2.2	7.0	2.3	71	78	1.8	0.029 6	79
Y160M-4	11	22.6	1 460	88.0	0.84	2.2	7.0	2.3	75	82	1.8	0.074 7	122
Y160L-4	15	30.3	1460	88.5	0.85	2.2	7.0	2.3	77	82	1.8	0.091 8	142
Y180M-4	18.5	35.9	1 470	91.0	0.86	2.0	7.0	2.2	77	82	1.8	0.139	174
Y180L-4	22	42.5	1 470	91.5	0.86	2.0	7.0	2.2	77	82	1.8	0.158	192
Y200L-4	30	56.8	1 470	92.2	0.87	2.0	7.0	2.2	79	84	1.8	0.262	253
Y225S-4	37	70.4	1 480	91.8	0.87	1.9	7.0	2.2	79	84	1.8	0.406	294
Y225M-4	45	84.2	1 480	92.3	0.88	1.9	7.0	2.2	79	84	1.8	0.469	327
Y250M-4	55	103	1 480	92.6	0.88	2.0	7.0	2.2	81	86	2.8	0.64	381
同步转速　1 000 r/min													
Y90S-6	0.75	2.3	910	72.5	0.70	2.0	5.5	2.2	56	65	1.8	0.002 9	21
Y90L-6	1.1	3.2	910	73.5	0.72	2.0	5.5	2.2	56	65	1.8	0.003 5	24
Y100L-6	1.5	4	940	77.5	0.74	2.0	6.0	2.2	62	67	1.8	0.006 9	35
Y112M-7	2.2	5.6	940	80.5	0.74	2.0	6.0	2.2	62	67	1.8	0.013 8	45
Y132S-6	3	7.2	960	83.0	0.76	2.0	6.5	2.2	66	71	1.8	0.028 6	66
Y132M1-6	4	9.4	960	84.0	0.77	2.0	6.5	2.2	66	71	1.8	0.035 7	75
Y132M2-6	5.5	12.6	960	85.3	0.78	2.0	6.5	2.2	66	71	1.8	0.044 9	85
Y160M-6	7.5	17	970	86.0	0.78	2.0	6.5	2.0	69	75	1.8	0.088 1	116
Y160L-6	11	46	970	87.0	0.78	2.0	6.5	2.0	70	75	1.8	0.116	139
Y180L-6	15	31.4	970	89.5	0.81	1.8	6.5	2.0	70	78	1.8	0.207	182
Y200L1-6	18.5	37.2	970	89.8	0.83	1.8	6.5	2.0	73	78	1.8	0.315	228
Y200L2-6	22	44.6	970	90.2	0.83	1.8	6.5	2.0	73	78	1.8	0.360	246
Y225M-6	30	59.5	980	90.2	0.85	1.7	6.5	2.0	76	81	1.8	0.547	294
Y250M-6	37	72	980	90.8	0.86	1.8	6.5	2.0	76	81	2.8	0.834	395
Y280S-6	45	85.4	980	92.0	0.87	1.8	6.5	2.0	79	84	2.8	1.39	505
Y280M-6	55	104	980	92.0	0.87	1.8	6.5	2.0	79	84	2.8	1.65	566

附表 A.2 机座带底脚、端盖上无凸缘电动机的外形及安装尺寸

机座号为80~355 · 机座号为160~355 · 机座号为100~132 · 机座号为80~90

机座号	极数	A 基本尺寸	A/2 基本尺寸	B 基本尺寸	C 基本尺寸（极限偏差）	D 基本尺寸（极限偏差）	E 基本尺寸（极限偏差）	F 基本尺寸（极限偏差）	G 基本尺寸（极限偏差）	H 基本尺寸（极限偏差）	K 基本尺寸（极限偏差）	K 位置度公差	AB	AC	AD	HD	L
80M	2,4,6	125	62.5	100	50 (±1.5)	19 (+0.009/−0.004)	40 (±0.31)	6 (0/−0.030)	15.5 (−0.10)	80	10 (+0.36/0)	φ1.0Ⓜ	165	175	145	220	305
90S	2,4,6	140	70	100	56 (±1.5)	24 (+0.009/−0.004)	50 (±0.31)	8 (0/−0.030)	20 (−0.10)	90	10 (+0.36/0)	φ1.0Ⓜ	180	195	165	260	360
90L	2,4,6	140	70	125	63 (±1.5)	24 (+0.009/−0.004)	50 (±0.31)	8 (0/−0.030)	20 (−0.10)	90	10 (+0.36/0)	φ1.0Ⓜ	180	195	165	260	390
100L	2,4,6	160	80	140	70 (±2.0)	28 (+0.018/+0.002)	60 (±0.31)	8 (0/−0.036)	24 (0/−0.036)	100	12 (+0.43/0)	φ1.0Ⓜ	205	215	180	275	435
112M	2,4,6	190	95	140	70 (±2.0)	28 (+0.018/+0.002)	60 (±0.31)	8 (0/−0.036)	24 (0/−0.036)	112	12 (+0.43/0)	φ1.0Ⓜ	230	240	190	300	470
132S	2,4,6	216	108	178	89 (±2.0)	38 (+0.018/+0.002)	80 (±0.37)	10 (0/−0.036)	33 (0/−0.036)	132	12 (+0.43/0)	φ1.0Ⓜ	270	275	210	345	510
132M	2,4,6	216	108	210	89 (±2.0)	38 (+0.018/+0.002)	80 (±0.37)	10 (0/−0.036)	33 (0/−0.036)	132	12 (+0.43/0)	φ1.0Ⓜ	270	275	210	345	560
160M	2,4,6	254	127	254	108 (±3.0)	42 (+0.018/+0.002)	110 (±0.43)	12 (0/−0.043)	37 (0/−0.043)	160	14.5 (+0.43/0)	φ1.2Ⓜ	320	330	255	420	670
160L	2,4,6	254	127	254	108 (±3.0)	42 (+0.018/+0.002)	110 (±0.43)	12 (0/−0.043)	37 (0/−0.043)	160	14.5 (+0.43/0)	φ1.2Ⓜ	320	330	255	420	700
180M	2,4,6	279	139.5	241	121 (±3.0)	48 (+0.018/+0.002)	110 (±0.43)	14 (0/−0.043)	42.5 (0/−0.043)	180	14.5 (+0.43/0)	φ1.2Ⓜ	355	380	280	455	740
180L	2,4,6	279	139.5	279	121 (±3.0)	48 (+0.018/+0.002)	110 (±0.43)	14 (0/−0.043)	42.5 (0/−0.043)	180	14.5 (+0.43/0)	φ1.2Ⓜ	355	380	280	455	790
200L	2,4,6	318	159	305	133 (±4.0)	55 (+0.030/+0.011)	140 (±0.50)	16 (0/−0.043)	49 (0/−0.20)	200	18.5 (+0.52/0)	φ1.2Ⓜ	395	420	305	505	790
225S	4	356	178	286	149 (±4.0)	60 (+0.030/+0.011)	140 (±0.50)	18 (0/−0.043)	53 (0/−0.20)	225	18.5 (+0.52/0)	φ1.2Ⓜ	435	470	335	560	830
225M	2	356	178	311	149 (±4.0)	55 (+0.030/+0.011)	110 (±0.43)	16 (0/−0.043)	49 (0/−0.20)	225	18.5 (+0.52/0)	φ1.2Ⓜ	435	470	335	560	825
225M	4,6	356	178	311	149 (±4.0)	60 (+0.030/+0.011)	140 (±0.50)	18 (0/−0.043)	53 (0/−0.20)	225	18.5 (+0.52/0)	φ1.2Ⓜ	435	470	335	560	855
250M	2	406	203	349	168 (±4.0)	65 (+0.030/+0.011)	140 (±0.50)	18 (0/−0.043)	58 (0/−0.20)	250	24 (+0.52/0)	φ2.0Ⓜ	490	510	370	615	915
250M	4,6	406	203	349	168 (±4.0)	60 (+0.030/+0.011)	140 (±0.50)	18 (0/−0.043)	53 (0/−0.20)	250	24 (+0.52/0)	φ2.0Ⓜ	490	510	370	615	855

注：(1) $G＝D－GE$，GE 的极限偏差对机座号为 80 的电动机为 $\left(^{+0.10}_{0}\right)$，对其余的为 $\left(^{+0.20}_{0}\right)$。
(2) 直径为 K 的孔的位置度公差以轴伸的轴线为基准。

附录 B   常用标准件

表 B.1   六角头螺栓 （单位:mm）

六角头螺栓—A 和 B 级（GB/T 5782—2016）   六角头螺栓（全螺纹）—A 和 B 级（GB/T 5783—2016）

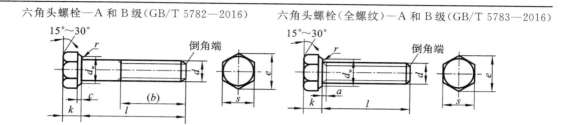

标记示例

d＝M12，公称长度 l＝80mm，性能等级为 8.8，经表面氧化处理，产品等级为 A 级的六角头螺栓：

螺栓 GB/T 5782 M12×80

d＝M12，公称长度 l＝80mm，性能等级为 8.8，经表面氧化处理，全螺纹，产品等级为 A 级的六角头螺栓：

螺栓 GB/T 5783 M12×80

螺纹规格 d			M3	M4	M5	M6	M8	M10	M12	M16	M20	M24	M30	M36
b（参考）	$l\leqslant125$		12	14	16	18	22	26	30	38	46	54	66	78
	$125<l\leqslant200$		18	20	22	24	28	32	36	44	52	60	72	84
	$l>200$		31	35	33	37	41	45	49	57	65	73	85	97
a	max		1.5	2.1	2.4	3	4	4.5	5.3	6	7.5	9	10.5	12
C	max		0.4	0.4	0.5	0.5	0.6	0.6	0.6	0.8	0.8	0.8	0.8	0.8
d_w	min	A	4.6	5.9	6.9	8.9	11.6	14.6	16.6	22.5	28.2	33.6		
		B	4.5	5.7	6.7	8.7	11.5	14.5	16.5	22	27.7	33.2	42.8	51.1
e	min	A	6.01	7.66	8.79	11.05	14.38	17.77	20.03	26.75	33.53	39.98		
		B	5.88	7.50	8.63	10.89	14.20	17.59	19.85	26.17	32.95	39.55	50.85	60.79
k	公称		2	2.8	3.5	4	5.3	6.4	7.5	10	12.5	15	18.7	22.5
r	min		0.1	0.2	0.2	0.25	0.4	0.4	0.6	0.6	0.8	0.8	1	1
s	公称		5.5	7	8	10	13	16	18	24	30	36	46	55
l 范围	20～30		25～40	25～50	30～60	40～80	45～100	50～120	60～140	70～180	90～220	100～260	140～360	
l 范围（全螺纹）			6～30	8～40	10～50	12～60	16～80	20～100	25～120	30～150	40～150	50～150	60～200	70～200
l 系列			6、8、10、12、16、20～70（5 进位）、80～160（10 进位）、180～360（20 进位）											

技术条件	材料	力学性能等级	公差产品等级		表面处理
	钢	5、6、8.8、9.8、10.9	6g	A 级用于 $d\leqslant24$ 和 $l\leqslant10d$ 或 $l\leqslant150$ 的情况	氧化或电镀
	不锈钢	A2～70、A4～70		B 级用于 $d>24$ 和 $l>10d$ 或 $l>150$ 的情况	
	有色金属	Cu2、Cu3、Al4			

注：A、B 为产品等级。C 级产品螺纹公差为 8g，规格为 M5～M64，性能等级为 3.6、4.6 和 4.8，详见 GB/T 5780—2016
和 GB/T 5781—2016。

表 B.2　六角螺母　　　　　　　　　　　　　　　　　（单位：mm）

I型六角螺母—A级和B级（GB/T 6170—2015）　　　六角薄螺母—A级和B级（GB/T 6172.1—2016）

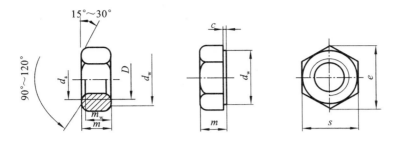

标记示例

螺纹规格 D＝M12，性能等级为 8 级，不经表面处理，产品等级为 A 的 I 型六角螺母

螺母 GB/T6170—2016　M12

螺纹规格 D＝M12，性能等级为 4 级，不经表面处理，产品等级为 A 的六角薄螺母

螺母 GB/T6172.1—2016　M12

螺纹规格 D		M3	M4	M5	M6	M8	M10	M12	M16	M20	M24	M30	M36
d_a	max	3.45	4.6	5.75	6.75	8.75	10.8	13	17.30	21.6	25.9	32.4	38.9
d_w	min	4.6	5.9	6.9	8.9	11.6	14.6	16.6	22.5	27.7	33.3	42.8	51.1
e	min	6.01	7.66	8.79	11.05	14.38	17.77	20.03	26.75	32.95	39.55	50.85	60.79
s	max	5.5	7	8	10	13	16	18	24	30	36	46	55
c	max	0.4	0.4	0.5	0.5	0.6	0.6	0.6	0.8	0.8	0.8	0.8	0.8
m （max）	六角螺母	2.4	3.2	4.7	5.2	6.8	8.4	10.8	14.8	18	21.5	25.6	31
	薄螺母	1.8	2.2	2.7	3.2	4	5	6	8	10	12	15	18
m_w	min	1.70	2.30	3.50	3.90	5.20	6.40	8.30	11.30	13.50	16.20	19.40	23.50

技术条件	材料	性能等级		螺纹公差	表面处理	公差产品等级		
	钢	六角螺母 6、8、10 薄螺母 04、05		6H	不经处理	A 级用于 D≤M16 B 级用于 D＞M16		

注：尽可能不采用括号内的规格。

表 B.3　内六角圆柱头螺钉　　　　　　　　　　　　　　　　　（单位：mm）

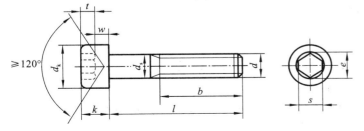

标记示例：

螺纹规格 d＝M5，公称长度 l＝20 mm，性能等级为8.8级，表面氧化的内六角圆柱头螺钉：

螺钉　GB/T 70.1　M5×20

续表

螺纹规格 d		M5	M6	M8	M10	M12	M16	M20	M24	M30	M36
b(参考)		22	24	28	32	36	44	52	60	72	84
$d_{k(max)}$	光滑头部	8.5	10	13	16	18	24	30	36	45	54
	滚花头部	8.72	10.22	13.27	16.27	18.27	24.33	30.33	36.39	45.39	54.46
e(min)		4.583	5.723	6.683	9.149	11.429	15.996	19.437	21.734	25.154	30.854
k(max)		5	6	8	10	12	16	20	24	30	36
s(公称)		4	5	6	8	10	14	17	19	22	27
t(min)		2.5	3	4	5	6	8	10	12	15.5	19
l范围(公称)		8~50	10~60	12~80	16~100	20~120	25~160	30~200	40~200	45~200	55~200
制成全螺纹时 $l\leqslant$		25	30	35	40	45	55	65	80	90	110
l 系列(公称)		8、10、12、(14)、16、20~50(5 进位)、(55)、60、(65)、70~160(10 进位)、180、200									

技术条件	材料	力学性能等级	螺纹公差	产品等级	表面处理
	钢	8.8、12.9	12.9 级为 5g、6g,其他等级为 6g	A	氧化或镀锌钝化

注:(1)本表中部分数据摘自 GB/T 70.1—2008。

(2)括号内的规格尽可能不采用。

表 B.4　十字槽盘头螺钉、十字槽沉头螺钉　　　　　　　(单位:mm)

十字槽盘头螺钉(GB/T 818—2016)

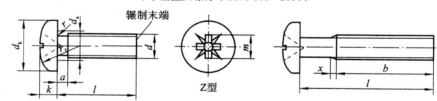

十字槽沉头螺钉(GB/T 819.1—2016)

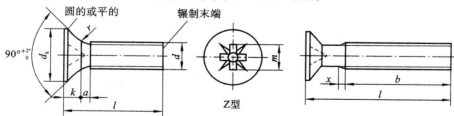

标记示例

螺纹规格 d＝M5,公称长度 l＝20 mm,性能等级为 4.8 级,不经表面处理的 A 级十字槽盘头螺钉:

螺钉 GB/T 818 M5×20

螺纹规格 d＝M5,公称长度 l＝20 mm,性能等级为 4.8 级,不经表面处理的 A 级十字槽沉头螺钉:

螺钉 GB/T 819.1 M5×20

续表

螺纹规格 d		M1.6	M2	M2.5	M3	M4	M5	M6	M8	M10
螺距 P		0.35	0.4	0.45	0.5	0.7	0.8	1	1.25	1.5
a	max	0.7	0.8	0.9	1	1.4	1.6	2	2.5	3
b	min	25	25	25	25	38	38	38	38	38
x	max	0.9	1	1.1	1.25	1.75	2	2.5	3.2	3.8
十字槽盘头螺钉	d_a　max	2.1	2.6	3.1	3.6	4.7	5.7	6.8	9.2	11.20
	d_x　max	3.2	4	5	5.6	8	9.5	12	16	20
	k　max	1.3	1.6	2.1	2.4	3.1	3.7	4.6	6	7.5
	r　min	0.1	0.1	0.1	0.1	0.2	0.2	0.25	0.4	0.4
	r_f　≈	2.5	3.2	4	5	6.5	8	10	13	16
	m　参考	1.6	2.1	2.6	2.8	4.3	4.7	6.7	8.8	9.9
	l 商品规格范围	3～16	3～20	3～25	4～30	5～40	6～45	8～60	10～60	12～60
十字槽沉头螺钉	d_k　max	3	3.8	4.7	5.5	8.4	9.3	11.3	15.8	18.3
	k　max	1	1.2	1.5	1.65	2.7	2.7	3.3	4.65	5
	r　max	0.4	0.5	0.6	0.8	1	1.3	1.5	2	2.5
	m　参考	1.6	1.9	2.8	3	4.4	4.9	6.6	8.8	9.8
	l 商品规格范围	3～16	3～20	3～25	4～30	5～40	6～50	8～60	10～60	12～60
公称长度 l 系列		3、4、5、6、8、10、12、(14)、16、20～60(5 进位)								

技术条件	材　料	力学性能等级	螺纹公差	公差产品等级	表面处理
	钢	4.8	6g	A	盘头:不经处理 沉头:电镀或按协议

注:(1)本表中部分数据摘自 GB/T 818—2016 和 GB/T 819.1—2016。

　　(2)尽可能不采用公称长度 l 中的 14、55 等规格。

　　(3)对于十字槽盘头螺钉, $d \leqslant 3$ mm、$l \leqslant 25$ mm 或 $d \geqslant 4$ mm、$l \leqslant 40$ mm 时,应制出全螺纹($b=1-a$);对于十字槽沉头螺钉, $d \leqslant 3$ mm、$l \leqslant 30$ mm 或 $d \geqslant 4$ mm、$l \leqslant 45$ mm 时,应制成全螺纹($b=1-(k+b)$)。

　　(4)十字槽盘头螺钉材料可选不锈钢或有色金属。

表 B.5　紧定螺钉　　　　　　　　　　　　　　　　　　　　(单位:mm)

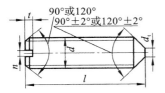

开槽锥端紧定螺钉
（GB/T 71—2018）

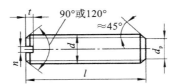

开槽平端紧定螺钉
（GB/T 73—2017）

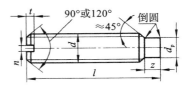

开槽长圆柱端紧定螺钉
（GB/T 75—2018）

续表

标记示例

螺纹规格 d＝M5，公称长度 l＝12 mm，钢制，硬度等级为 14H 级，不经表面处理，产品等级为 A 级的开槽锥端紧定螺钉：

螺钉 GB/T 71　　M5×12

相同规格的另外两种螺钉：

螺钉 GB/T 73　　M5×12
螺钉 GB/T 75　　M5×12

螺纹规格 d	螺距 P	n (公称)	t (max)	d_t (max)	d_p (max)	Z (max)	长度 l		制成120°的短螺钉长度 l		l 系列 (公称)
							GB/T 71—2018 GB/T 75—2018	GB/T 73—2017	GB/T 73—2017	GB/T 75—2018	
M4	0.7	0.6	1.42	0.4	2.5	2.25	6～20	4～20	4	6	4、5、6、8、10、12、16、20、25、30、35、40、45、50
M5	0.8	0.8	1.63	0.5	3.5	2.75	8～25	5～25	5	8	
M6	1	1	2	1.5	4	3.25	8～30	6～30	6	8、10	
M8	1.25	1.2	2.5	2	5.5	4.3	10～40	8～40	—	10、12	
M10	1.5	1.6	3	2.5	7	5.3	12～50	10～50	—	12、16	
技术条件	材料		力学性能等级		螺纹公差		公差产品等级			表面处理	
	钢		14H、22H		6g		A			不经处理	

表 B.6　平垫圈　　　　　　　　　　　　（单位：mm）

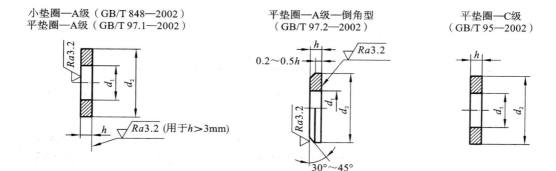

小垫圈—A级（GB/T 848—2002）
平垫圈—A级（GB/T 97.1—2002）

平垫圈—A级—倒角型（GB/T 97.2—2002）

平垫圈—C级（GB/T 95—2002）

标记示例

标准系列，公称尺寸 d＝8 mm，性能等级为 140 HV 级，不经表面处理的平垫圈：

垫圈 GB/T 97.1—2002　8-140　HV

续表

公称尺寸(螺纹规格)d		4	5	6	8	10	12	14	16	20	24	30	36
d_1 公称(min)	GB/T 848—2002	4.3	5.3	6.4	8.4	10.5	13	15	17	21	25	31	37
	GB/T 97.1—2002	4.3	5.3	6.4	8.4	10.5	13	15	17	21	25	31	37
	GB/T 97.2—2002	—	5.3	6.4	8.4	10.5	13	15	17	21	25	31	37
	GB/T 95—2002	—	5.3	6.4	8.4	10.5	13	15	17	21	25	31	37
d_2 公称(max)	GB/T 848—2002	8	9	11	15	18	20	24	28	34	39	50	60
	GB/T 97.1—2002	9	10	12	16	20	24	28	30	37	44	56	66
	GB/T 97.2—2002	—	10	12	16	20	24	28	30	37	44	56	66
	GB/T 95—2002	—	10	12	16	20	24	28	30	37	44	56	66
h 公称	GB/T 848—2002	0.5	1	1.6	1.6	1.6	2	2	2.5	2.5	3	4	5
	GB/T 97.1—2002	0.8	1	1.6	1.6	1.6	2	2	2.5	2.5	3	4	5
	GB/T 97.2—2002	—	1	1.6	1.6	1.6	2	2	2.5	2.5	3	4	5
	GB/T 95—2002	—	1	1.6	1.6	1.6	2	2	2.5	2.5	3	4	5

注:表中数据摘自 GB/T 848—2002、GB/T 97.1—2002、GB/T 97.2—2002、GB/T 95—2002。

表 B.7　弹簧垫圈　　　　　　　　　　　　(单位:mm)

标准型弹簧垫圈（GB 93—87）　　　　轻型弹簧垫圈（GB 859—87）

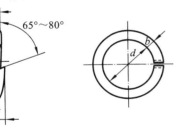
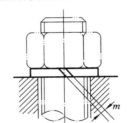

标记示例

　规格 16 mm、材料为 65 Mn、表面氧化的标准型弹簧垫圈:

　　垫圈　GB/T 93—87 16

规格(螺纹大径)		3	4	5	6	8	10	12	(14)	16	(18)	20	(22)	24	(27)	30	(33)	36
GB 93	$S(b)$	0.8	1.1	1.3	1.6	2.1	2.6	3.1	3.6	4.1	4.5	5.0	5.5	6.0	6.8	7.5	8.5	9
	H	1.6~2	2.2~2.75	2.6~3.25	3.2~4	4.2~5.25	5.2~6.5	6.2~7.75	7.2~9	8.2~10.15	9~11.25	10~12.5	11~13.75	12~15	13.6~17	15~18.75	17~21.25	18~22.5
	$m\leqslant$	0.4	0.55	0.65	0.8	1.05	1.3	1.55	1.8	2.05	2.25	2.5	2.75	3	3.4	3.75	4.25	4.5
GB 859	S	0.6	0.8	1.1	1.3	1.6	2	2.5	3	3.2	3.6	4	4.5	5	5.5	6	—	—
	b	1	1.2	1.5	2	2.5	3	3.5	4	4.5	5	5.5	6	7	8	9	—	—
	H	1.2~1.5	1.6~2	2.2~2.75	2.6~3.25	3.2~4	4~5	5~6.25	6~7.5	6.4~8	7.2~9	8~10	9~11.25	10~12.5	11~13.75	12~15	—	—
	$m\leqslant$	0.3	0.4	0.55	0.65	0.8	1.0	1.25	1.5	1.6	1.8	2.0	2.25	2.5	2.75	3.0	—	—

注:尽可能不采用括号内的规格。

表 B.8　普通平键　　　　　　　　　　　　　　　　　　（单位:mm）

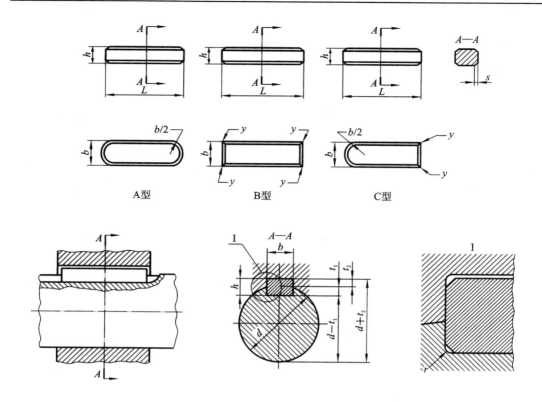

A型　　　　　　　　B型　　　　　　　C型

标记示例

$b=10$ mm,$h=8$ mm,$L=25$ 的圆头普通平键（A 型）:

GB/T 1096 键 10×25

同一尺寸的平头普通平键（B 型）和单圆头普通平键（C 型）:

GB/T 1096 键　B10×25

GB/T 1096 键　C10×25

键尺寸 $b \times h$	键 槽											
	宽　度　b						深　度				半　径　r	
	基本尺寸	极限偏差					轴 t_1		毂 t_2			
		正常连接		紧密连接	松连接		基本尺寸	极限偏差	基本尺寸	极限偏差	min	max
		轴 N9	毂 JS9	轴和毂 P	轴 H9	毂 D10						
2×2	2	−0.004 −0.029	±0.0125	−0.006 −0.031	+0.025 0	+0.060 +0.020	1.2	+0.1 0	1.0	+0.1 0	0.08	0.16
3×3	3						1.8		1.4			
4×4	4	0 −0.030	±0.015	−0.012 −0.042	+0.030 0	+0.078 +0.030	2.5		1.8			
5×5	5						3.0		2.3		0.16	0.25
6×6	6						3.5		2.8			

续表

键尺寸 $b \times h$	键 槽										
	宽 度 b						深 度				半 径 r
	基本尺寸	极限偏差					轴 t_1		毂 t_2		
		正常连接		紧密连接	松连接		基本尺寸	极限偏差	基本尺寸	极限偏差	
		轴 N9	毂 JS9	轴和毂 P	轴 H9	毂 D10					min	max
8×7	8	0 −0.036	±0.018	−0.015 −0.051	+0.036 0	+0.098 +0.040	4.0	+0.2 0	3.3	+0.2 0	0.16	0.25
10×8	10						5.0		3.3			
12×8	12	0 −0.043	±0.0215	−0.018 −0.061	+0.043 0	+0.120 +0.050	5.0		3.3		0.25	0.40
14×9	14						5.5		3.8			
16×10	16						6.0		4.3			
18×11	18						7.0		4.4			
20×12	20	0 −0.052	±0.026	−0.022 −0.074	+0.052 0	+0.149 +0.065	7.5		4.9		0.40	0.60
22×14	22						9.0		5.4			
25×14	25						9.0		5.4			
28×16	28						10.0		6.4			
32×18	32	0 −0.062	±0.031	−0.026 −0.088	+0.062 0	+0.180 +0.080	11.0		7.4		0.70	1.00
36×20	36						12.0		8.4			
40×22	40						13.0		9.4			
45×25	45						15.0		10.4			
50×28	50						17.0		11.4			
56×32	56	0 −0.074	±0.037	−0.032 −0.106	+0.074 0	+0.220 +0.100	20.0	+0.3 0	12.4	+0.3 0	1.20	1.6
63×32	63						20.0		12.4			
70×36	70						22.0		14.4			
80×40	80						25.0		15.4		2.00	2.50
90×45	90	0 −0.087	±0.0435	−0.037 −0.124	+0.087 0	+0.260 +0.120	28.0		17.4			
100×50	100						31.0		19.5			

表 B.9　圆柱销和圆锥销　　　　　（单位:mm）

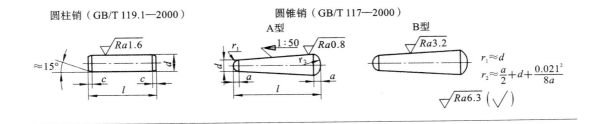

续表

标记示例

公称直径 $d=6$，公差为 m6，公称长度 $l=30$，材料为钢，不经淬火、不经表面处理的圆柱销：

销 GB/T 119.1　6　m6×30

公称直径 $d=6$，公称长度 $l=30$，材料为 35 钢，热处理硬度为 28～38 HRC，经表面氧化处理的 A 型圆锥销：

销 GB/T 117　6×30

公称直径 d		3	4	5	6	8	10	12	16	20	25
圆柱销	D(h8 或 m6)	3	4	5	6	8	10	12	16	20	25
	$c\approx$	0.5	0.63	0.8	1.2	1.6	2.0	2.5	3.0	3.5	4.0
	l(公称)	8～30	8～40	10～50	12～60	14～80	18～95	22～140	26～180	35～200	50～200
圆锥销	d(h10)	3	4	5	6	8	10	12	16	20	25
	$a\approx$	0.4	0.5	0.63	0.8	1.0	1.2	1.6	2.0	2.5	3.0
	l(公称)	12～45	14～55	18～60	22～90	22～120	26～160	32～180	40～200	45～200	50～200
	l(公称)的系列	12～32(2 进位)，35～100(5 进位)，100～200(20 进位)									

注：表中部分数据摘自 GB/T 119.1—2000 和 GB/T 117—2000。

表 B. 10　内螺纹圆锥销　　　　　　　　　　　　　　　（单位：mm）

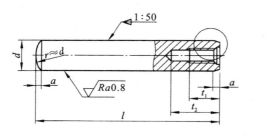 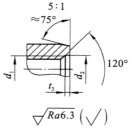

标记示例

公称直径 $d=10$mm，长度 $l=60$mm 的 A 型内螺纹圆锥销：

销 GB/T118　10×60

d	6	8	10	12	16	20	25
$a\approx$	0.8	1	1.2	1.6	2	2.5	3
d_1	M4	M5	M6	M8	M10	M12	M16
d_2	4.3	5.3	6.4	8.4	10.5	13	17
t_1	6	8	10	12	16	18	24
$t_{2\min}$	10	12	16	20	25	28	35
t_3	1	1.2	1.2	1.2	1.5	1.5	2
l 范围	16～60	18～85	22～100	24～120	30～160	40～200	50～200
l 系列	16、18、20、22、24、26、28、30、32、35、40、45、50、55、60、65、70、75、80、85、90、95、100、120、140、160、180、200						

注：表中部分数据摘自 GB/T 118—2000。

附录 C 联 轴 器

表 C.1　弹性套柱销联轴器　　　　　　　　　　（单位:mm）

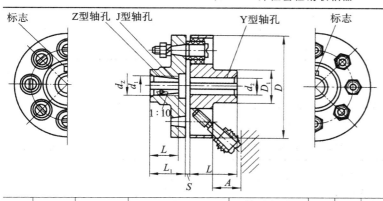

标记示例

LT8 联轴器 $\dfrac{ZC50\times84}{60\times142}$ GB/T 4323—2017

主动端:Z 型轴孔,C 型键槽,$d_z=50$ mm,$L=84$ mm

从动端:Y 型轴孔,A 型键槽,$d_1=60$ mm,$L=142$ mm

型号	公称转矩/(N·m)	许用转速/(r·min⁻¹)	轴孔直径 d_1、d_2、d_z	轴孔长度			D	D_1	S	A	转动惯量/(kg·m²)	质量/kg	许用补偿量（参考）	
				Y 型	J、Z 型								径向	角向
				L	L_1	L							Δy/mm	Δa
				mm										
LT1	16	8 800	10、11	22	25	22	71	22	3	18	0.0 004	0.7		
			12、14	27	32	27								
LT2	16	7 600	12、14	27	32	27	80	30	3	18	0.001	1.0	0.2	1°30′
			16、18、19	30	42	30								
LT3	63	6 300	16、18、19	30	42	30	95	35	4	35	0.002	2.2		
			20、22	38	52	38								
LT4	100	5 700	20、22、24	38	52	38	106	42	4	35	0.004	3.2		
			25、28	44	62	44								
LT5	224	4 600	25、28	44	62	44	130	56	5	45	0.011	5.5		
			30、32、35	60	82	60								
LT6	355	3 800	32、35、38	60	82	60	160	71	5	45	0.026	9.6	0.3	
			40、42	84	112	84								
LT7	560	3 600	40、42、45、48	84	112	84	190	80	5	45	0.06	15.7		
LT8	1 120	3 000	40、42、45、48、50、55	84	112	84	224	95	6	65	0.13	24.0		1°
			60、63、65	107	142	107								
LT9	1 600	2 850	50、55	84	112	84	250	110	6	65	0.20	31.0	0.4	
			60、63、65、70	107	142	107								
LT10	3 150	2 300	63、65、70、75	107	142	107	315	150	8	80	0.64	60.2		
			80、85、90、95	132	172	132								

续表

型号	公称转矩	许用转速	轴孔直径	L(Y)	L(J、Z)	L1	D	—	—	—	—	—	—	—
LT11	6 300	1 800	80、85、90、95	132	172	132	400	190	10	100	2.06	114	0.5	0°30′
			100、110	167	212	167								
LT12	12 500	1 450	100、110、120、125	167	212	167	475	220	12	130	5.00	212		
			130	202	252	202								
LT13	22 400	1 150	120、125	167	212	167	600	280	14	180	16.0	416	0.6	
			130、140、150	202	252	202								
			160、170	242	302	242								

注:(1)表中数据摘自 GB/T 4323—2017。

　　(2)质量、转动惯量按材料为铸钢、无孔计算近似值。

　　(3)本联轴器具有一定补偿两轴线相对偏移和减振缓冲的能力,适用于安装底座刚性好,冲击载荷不大的中、小功率轴系传动,可用于经常正反转、启动频繁的场合,工作温度为 −20~70℃。

表 C.2　弹性柱销联轴器　　　　　　　　　　　　　　　　　　　（单位:mm)

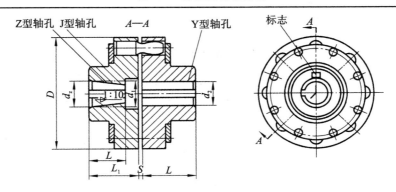

标记示例

LX7 弹性柱销联轴器 $\dfrac{ZC75×107}{JB70×107}$　GB/T 5014—2017

主动端:Z 型轴孔,C 型键槽,$d_z=75$ mm,$L=107$ mm

从动端:J 型轴孔,B 型键槽,$d_1=70$ mm,$L=107$ mm

型号	公称转矩/ (N·m)	许用转速/ (r·min⁻¹)	轴孔直径 d_1、d_2、d_z mm	轴孔长度 Y型 L	J、Z型 L	J、Z型 L1	D	S	转动惯量/ (kg·m²)	质量/ kg	许用补偿量(参考) 径向 Δy/mm	轴向 Δy/mm	角向 Δa
LX1	250	8 500	12、14	32	27		90	2.5	0.002	2		±0.5	
			16、18、19	42	30	42							
			20、22、24	52	38	52							
LX2	560	6 300	20、22、24	52	38	52	120	2.5	0.009	5		±1	
			25、28	62	44	62							≤
			30、32、35	82	60	82					0.15		0°30′
LX3	1 250	4 750	30、32、35、38	82	60	82	160	2.5	0.026	8		±5	
			40、42、45、48	112	84	112							
LX4	2 500	3 850	40、42、45、48、50、55、56	112	84	112	195	3	0.109	22			
			60、63	142	107	142							
LX5	3 150	3 450	50、55、56	112	84	112	220	3	0.191	30			
			60、63、65、70、71、75	142	107	142							

续表

型号	公称转矩	许用转速	轴孔直径	L	L	L	D		转动惯量	质量		
LX6	6 300	2 720	60、63、65、70、71、75	142	107	142	280	4	0.543	53		±2
			80、85	172	132	172						
LX7	11 200	2 360	70、71、75	142	107	142	320	4	1.314	98	0.20	
			80、85、90、95	172	132	172						
			100、110	212	167	212						
LX8	16 000	2 120	80、85、90、95	172	132	172	360	5	2.023	119		
			100、110、120、125	212	167	212						
LX9	22 400	1 850	100、110、120、125	212	167	212	410	5	4.385	197		
			130、140	252	202	252						
LX10	35 500	1 600	110、120、125	212	167	212	480	6	9.760	322		≤ 0°30′
			130、140、150	252	202	252						
			160、170、180	302	242	302						
LX11	50 000	1 400	130、140、150	252	202	252	540	6	20.05	520	0.25	±2.5
			160、170、180	302	242	302						
			190、200、220	352	282	352						
LX12	80 000	1 220	160、170、180	302	242	302	630	7	37.71	714		
			190、200、220	352	282	352						
			240、250、260	410	330							
LX13	125 000	1 060	190、200、220	352	282	352	710	8	71.37	1 057		
			240、250、260	410	330							
			280、300	470	380						0.25	±2.5
LX14	180 000	950	240、250、260	410	330		800	8	170.6	1 956		
			280、300、320	470	380							
			340	550	450							

注:(1)本表摘自 GB/T5014—2017。

　　(2)质量、转动惯量按 J/Y 组合形式最小轴孔直径计算。

　　(3)本联轴器结构简单、制造容易、装拆与更换弹性元件方便,有微量补偿两轴线偏移和缓冲吸振的能力,主要用于载荷较平稳、启动频繁、对缓冲要求不高的中、低速轴系传动,工作温度为－20～70℃。

表 C.3　梅花形弹性联轴器　　　　　　　　　　　　　　（单位:mm）

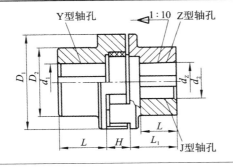
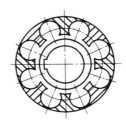

标记示例

LM145 型梅花形联轴器：

LM145 联轴器 45×112　GB/T 5272—2017

主动端：Y 型轴孔，A 型键槽，$d_1 = 45$ mm，$L = 112$ mm

从动端：Y 型轴孔，A 型键槽，$d_2 = 45$ mm，$L = 112$ mm

型号	公称转矩 T_n/(N·m)	最大转矩 T_{max}/(N·m)	许用转速 $[n]$/(r/min)	轴孔直径 d_1、d_2、d_z /mm	轴孔长度			D_1 /mm	D_2 /mm	H /mm	转动惯量/(kg·m²)	质量/kg
					Y 型	J、Z 型						
					L	L_1	L					
					mm							
LM50	28	50	15 000	10、11	22			50	42	16	0.000 2	1.00
				12、14	27							
				16、18、19	30							
				20、22、24	38							
LM70	112	200	11 000	12、14	27			70	55	23	0.001 1	2.50
				16、18、19	30							
				20、22、24	38							
				25、28	44							
				30、32、35、38	60							
LM85	160	288	9 000	16、18、19	30			85	60	24	0.002 2	3.42
				20、22、24	38							
				25、28	44							
				30、32、35、38	60							
LM105	355	640	7 250	18、19	30			105	65	27	0.005 1	5.15
				20、22、24	38							
				25、28	44							
				30、32、35、38	60							
				40、42	84							
LM125	450	810	6 000	20、22、24	38	52	38	125	85	33	0.014	10.1
				25、28	44	62	44					
				30、32、35、38*	60	82	60					
				40、42、45、48、50、55	84							
LM145	710	1 280	5 250	25、28	44	62	44	145	95	39	0.025	13.1
				30、32、35、38	60	82	60					
				40、42、45*、48*、50*、55*	84	112	84					
				60、63、65	107							

续表

型号											
LM170	1 250	2 250	4 500	30、32、35、38	60	82	60	170	120	41	0.055	21.2
				40、42、45、48、50、55	84	112	84				
				60、63、65、70、75	107						
				80、85	132						
LM200	2 000	3 600	3 750	35、38	60	82	60	200	135	48	0.119	33.0
				40、42、45、48、50、55	84	112	84				
				60、63、65、70*、75*	107	142	107				
				80、85、90、95	132						
LM230	3 150	5 670	3 250	40、42、45、48、50、55	84	112	84	230	150	50	0.217	45.5
				60、63、65、70、75	107	142	107				
				80、85、90、95	132						

注:(1) * 表示无 J、Z 型轴孔。

(2)转动惯量和质量是按 Y 型最大轴孔长度、最小轴孔直径计算的数值。

附录 D 滚动轴承

表 D.1 深沟球轴承　　　　　　　　　　　　　　　　　　　　　　　　（单位：mm）

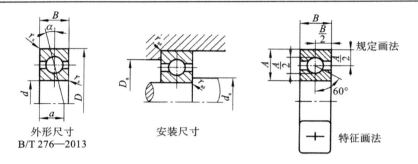

外形尺寸
B/T 276—2013

安装尺寸

规定画法

特征画法

标记示例

滚动轴承　6210　GB/T 276—2013

F_a/C_{0r}	e	Y	径向当量动载荷	径向当量静载荷
0.014	0.19	2.30		
0.028	0.22	1.99		
0.056	0.26	1.71		
0.084	0.28	1.55	当 $\dfrac{F_a}{F_r} \leqslant e$ 时，$P_r = F_r$	$P_{0r} = F_r$
0.11	0.30	1.45		$P_{0r} = 0.6F_r + 0.5F_a$
0.17	0.34	1.31	当 $\dfrac{F_a}{F_r} > e$ 时，$P_r = 0.56F_r + YF_a$	取上列两式计算结果的大值
0.28	0.38	1.15		
0.42	0.42	1.04		
0.56	0.44	1.00		

轴承代号	基本尺寸/mm				安装尺寸/mm			基本额定动载荷 C_r/kN	基本额定静载荷 C_{0r}/kN	极限转速/(r·min⁻¹)		原轴承代号
	d	D	B	r_s min	d_a min	D_a max	r_{as} max			脂润滑	油润滑	
(1)0 尺寸系列												
6000	10	26	8	0.3	12.4	23.6	0.3	4.58	1.98	20 000	28 000	100
6001	12	28	8	0.3	14.4	25.6	0.3	5.10	2.38	19 000	26 000	101
6002	15	32	9	0.3	17.4	29.6	0.3	5.58	2.85	18 000	24 000	102
6003	17	35	10	0.3	19.4	32.6	0.3	6.00	3.25	17 000	22 000	103
6004	20	42	12	0.3	25	37	0.6	9.38	5.02	15 000	19 000	104
6005	25	47	12	0.6	30	42	0.6	10.0	5.85	13 000	17 000	105

续表

轴承代号	基本尺寸/mm				安装尺寸/mm			基本额定动载荷 C_r/kN	基本额定静载荷 C_{0r}/kN	极限转速/(r・min^{-1})		原轴承代号
	d	D	B	r_s min	d_a min	D_a max	r_{as} max			脂润滑	油润滑	
6006	30	55	13	1	36	49	1	13.2	8.30	10 000	14 000	106
6007	35	62	14	1	41	56	1	16.2	10.5	9 000	12 000	107
6008	40	68	15	1	46	62	1	17.0	11.8	8 500	11 000	108
6009	45	75	16	1	51	69	1	21.0	14.8	8 000	10 000	108
6010	50	80	16	1	56	74	1	22.0	16.2	7 000	9 000	110
6011	55	90	18	1.1	62	83	1	30.2	21.8	6 300	8 000	111
6012	60	95	18	1.1	67	88	1	31.5	24.2	6 000	7 500	112
6013	65	100	18	1.1	72	93	1	32.0	24.8	5 600	7 000	113
6014	70	110	20	1.1	77	103	1	38.5	30.5	5 300	6 700	114
6015	75	115	20	1.1	82	108	1	40.2	33.2	5 000	6 300	115
6016	80	125	22	1.1	87	118	1	47.5	39.8	4 800	6 000	116
6017	85	130	22	1.1	92	123	1	50.8	42.8	4 500	5 600	117
6018	90	140	24	1.5	99	131	1.5	58.0	49.8	4 300	5 300	118
6019	95	145	24	1.5	104	136	1.5	57.8	50.0	4 000	5 000	119
6020	100	150	24	1.5	109	141	1.5	64.5	56.2	3 800	4 800	120
(0)2 尺寸系列												
6200	10	30	9	0.6	15	25	0.6	5.10	2.38	19 000	26 000	200
6201	12	32	10	0.6	17	27	0.6	6.82	3.05	18 000	24 000	201
6202	15	35	11	0.6	20	30	0.6	7.65	3.72	17 000	22 000	202
6203	17	40	12	0.6	22	35	0.6	9.58	4.78	16 000	20 000	203
6204	20	47	14	1	26	41	1	12.8	6.65	14 000	18 000	204
6205	25	52	15	1	31	46	1	14.0	7.88	12 000	16 000	205
6206	30	62	16	1	36	56	1	19.5	11.5	9 500	13 000	206
6207	35	72	17	1.1	42	65	1	25.5	15.2	8 500	11 000	207
6208	40	80	18	1.1	47	73	1	29.5	18.0	8 000	10 000	208
6209	45	85	19	1.1	52	78	1	31.5	20.5	7 000	9 000	209
6210	50	90	20	1.1	57	83	1	35.0	23.2	6 700	8 500	210

轴承代号	基本尺寸/mm				安装尺寸/mm			基本额定动载荷 C_r/kN	基本额定静载荷 C_{0r}/kN	极限转速 /(r·min⁻¹)		原轴承代号
	d	D	B	r_s min	d_a min	D_a max	r_{as} max			脂润滑	油润滑	
6211	55	100	21	1.5	64	91	1.5	43.2	29.2	6 000	7 500	211
6212	60	110	22	1.5	69	101	1.5	47.8	32.8	5 600	7 000	212
6213	65	120	23	1.5	74	111	1.5	57.2	40.0	5 000	6 300	213
6214	70	125	24	1.5	79	116	1.5	60.8	45.0	4 800	6 000	214
6215	75	130	25	1.5	84	121	1.5	66.0	49.5	4 500	5 600	215
6216	80	140	26	2	90	130	2	71.5	54.2	4 300	5 300	216
6217	85	150	28	2	95	140	2	83.2	63.8	4 000	5 000	217
6218	90	160	30	2	100	150	2	95.8	71.5	3 800	4 800	218
6219	95	170	32	2.1	107	158	2.1	110	82.8	3 600	4 500	219
6220	100	180	34	2.1	112	168	2.1	122	92.8	3 400	4 300	220
(0)3 尺寸系列												
6300	10	35	11	0.6	15	30	0.6	7.65	3.48	18 000	24 000	300
6301	12	37	12	1	18	31	1	9.72	5.08	17 000	22 000	301
6302	15	42	13	1	21	36	1	11.5	5.42	16 000	20 000	302
6303	17	47	14	1	23	41	1	13.5	6.58	15 000	19 000	303
6304	20	52	15	1.1	27	45	1	15.8	7.88	13 000	17 000	304
6305	25	62	17	1.1	32	55	1	22.2	11.5	10 000	14 000	305
6306	30	72	19	1.1	37	65	1	27.0	15.2	9 000	12 000	306
6307	35	80	21	1.5	44	71	1.5	33.2	19.2	8 000	10 000	307
6308	40	90	23	1.5	49	81	1.5	40.8	24.0	7 000	9 000	308
6309	45	100	25	1.5	54	91	1.5	52.8	31.8	6 300	8 000	309
6310	50	110	27	2	60	100	2	61.8	38.0	6 000	7 500	310
6311	55	120	29	2	65	110	2	71.5	44.8	5 300	6 700	311
6312	60	130	31	2.1	72	118	2.1	81.8	51.8	5 000	6 300	312
6313	65	140	33	2.1	77	128	2.1	93.8	60.5	4 500	5 600	313
6314	70	150	35	2.1	82	138	2.1	105	68.0	4 300	5 300	314
6315	75	160	37	2.1	87	148	2.1	112	76.8	4 000	5 000	315

续表

轴承代号	基本尺寸/mm				安装尺寸/mm			基本额定动载荷	基本额定静载荷	极限转速/(r·min⁻¹)		原轴承代号
	d	D	B	r_s min	d_a min	D_a max	r_{as} max	C_r/kN	C_{0r}/kN	脂润滑	油润滑	
6316	80	170	39	2.1	92	158	2.1	122	86.5	3 800	4 800	316
6317	85	180	41	3	99	166	2.5	132	96.5	3 600	4 500	317
6318	90	190	43	3	104	176	2.5	145	108	3 400	4 300	318
6319	95	200	45	3	109	186	2.5	155	122	3 200	4 000	319
6320	100	215	47	3	114	201	2.5	172	140	2 800	3 600	320
(0)4 尺寸系列												
6403	17	62	17	1.1	24	55	1	22.5	10.8	11 000	15 000	403
6404	20	72	19	1.1	27	65	1	31.0	15.2	9 500	13 000	404
6405	25	80	21	1.5	34	71	1.5	38.2	19.2	8 500	11 000	405
6406	30	90	23	1.5	39	81	1.5	47.5	24.5	8 000	10 000	406
6407	35	100	25	1.5	44	91	1.5	56.8	29.5	6 700	8 500	407
6408	40	110	27	2	50	100	2	65.5	37.5	6 300	8 000	408
6409	45	120	29	2	55	110	2	77.5	45.5	5 600	7 000	409
6410	50	130	31	2.1	62	118	2.1	92.2	55.2	5 300	6 700	410
6411	55	140	33	2.1	67	128	2.1	100	62.5	4 800	6 000	411
6412	60	150	35	2.1	72	138	2.1	108	70.0	4 500	5 600	412
6413	65	160	37	2.1	77	148	2.1	118	78.5	4 300	5 300	413
6414	70	180	42	3	84	166	2.5	140	99.5	3 800	4 800	414
6415	75	190	45	3	89	176	2.5	155	115	3 600	4 500	415
6416	80	200	48	3	94	186	2.5	162	125	3 400	4 300	416
6417	85	210	52	4	103	192	3	175	138	3 200	4 000	417
6418	90	225	54	4	108	207	3	192	158	2 800	3 600	418
6420	100	250	58	4	118	232	3	222	195	2 400	3 200	420

注:(1)表中部分数据摘自 GB/T 276—2013。

(2)表中 C_r 值适用于轴承材料为真空脱气轴承钢的情况。如轴承材料为普通电炉钢,C_r 值应降低;如轴承材料为真空重熔或电渣重熔轴承钢,C_r 值应提高。

(3)表中 r_{smin} 为 r 的单向最小倒角尺寸;r_{asmax} 为 r_a 的单向最大倒角尺寸。

表 D.2　角接触球轴承

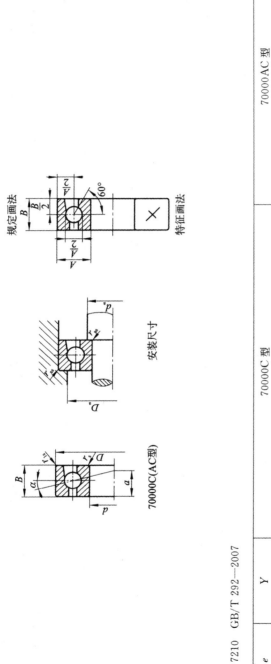

规定画法　特征画法　安装尺寸　70000C(AC型)

标记示例　滚动轴承　7210　GB/T 292—2007

iF_a/C_{0r}	e	Y	70000C 型	70000AC 型
0.015	0.38	1.47	**径向当量动载荷** 当 $F_a/F_r \leqslant e$ 时，$P_r = F_r$ 当 $F_a/F_r > e$ 时，$P_r = 0.44F_r + YF_a$	**径向当量动载荷** 当 $F_a/F_r \leqslant 0.68$ 时，$P_r = F_r$ 当 $F_a/F_r > 0.68$ 时，$P_r = 0.41F_r + 0.87F_a$
0.029	0.40	1.40		
0.058	0.43	1.30		
0.087	0.46	1.23		
0.12	0.47	1.19	**径向当量静载荷** $P_{0r} = 0.5F_r + 0.46F_a$ $P_{0r} = F_r$ 取上列两式计算结果的大值	**径向当量静载荷** $P_{0r} = 0.5F_r + 0.38F_a$ $P_{0r} = F_r$ 取上列两式计算结果的大值
0.17	0.50	1.12		
0.29	0.55	1.02		
0.44	0.56	1.00		
0.58	0.56	1.00		

续表

（1）0 尺寸系列

轴承代号	基本尺寸/mm					安装尺寸/mm			70000C ($\alpha=15°$)			70000AC ($\alpha=25°$)			极限转速 /(r·min⁻¹)		原轴承代号
										基本额定			基本额定				
	d	D	B	r_s min	r_{1s} min	d_a min	D_a max	r_{as} max	a/mm	动载荷 C_r/kN	静载荷 C_{0r}/kN	a/mm	动载荷 C_r/kN	静载荷 C_{0r}/kN	脂润滑	油润滑	
7000C 7000AC	10	26	8	0.3	0.1	12.4	23.6	0.3	6.4	4.92	2.25	8.2	4.75	2.12	19 000	28 000	36100 46100
7001C 7001AC	12	28	8	0.3	0.1	14.4	25.6	0.3	6.7	5.42	2.65	8.7	5.20	2.55	18 000	26 000	36101 46101
7002C 7002AC	15	32	9	0.3	0.1	17.4	29.6	0.3	7.6	6.25	3.42	10	5.95	3.25	17 000	24 000	36102 46102
7003C 7003AC	17	35	10	0.3	0.1	19.4	32.6	0.3	8.5	6.60	3.85	11.1	6.30	3.68	16 000	22 000	36103 46103
7004C 7004AC	20	42	12	0.6	0.3	25	37	0.6	10.2	10.5	6.08	13.2	10.0	5.78	14 000	19 000	36104 46104
7005C 7005AC	25	47	12	0.6	0.3	30	42	0.6	10.8	11.5	7.45	14.4	11.2	7.08	12 000	17 000	36105 46105
7006C 7006AC	30	55	13	1	0.3	36	49	1	12.2	15.2	10.2	16.4	14.5	9.85	9 500	14 000	36106 46106
7007C 7007AC	35	62	14	1	0.3	41	56	1	13.5	19.5	14.2	18.3	18.5	13.5	8 500	12 000	36107 46107
7008C 7008AC	40	68	15	1	0.3	46	62	1	14.7	20.0	15.2	20.1	19.0	14.5	8 000	11 000	36108 46108
7009C 7009AC	45	75	16	1	0.3	51	69	1	16	25.8	20.5	21.9	25.8	19.5	7 500	10 000	36109 46109
7010C 7010AC	50	80	16	1	0.3	56	74	1	16.7	26.5	22.0	23.2	25.2	21.0	6 700	9 000	36110 46110
7011C 7011AC	55	90	18	1.1	0.6	62	83	1	18.7	37.2	30.5	25.9	35.2	29.2	6 000	8 000	36111 46111
7012C 7012AC	60	95	18	1.1	0.6	67	88	1	19.4	38.2	32.8	27.1	36.2	31.5	5 600	7 500	36112 46112
7013C 7013AC	65	100	18	1.1	0.6	72	93	1	20.1	40.0	35.5	28.2	38.0	33.8	5 300	7 000	36113 46113
7014C 7014AC	70	110	20	1.1	0.6	77	103	1	22.1	48.2	43.5	30.9	45.8	41.5	5 000	6 700	36114 46114

续表

(0)2 尺寸系列

轴承代号 70000C	轴承代号 70000AC	基本尺寸/mm d	基本尺寸/mm D	基本尺寸/mm B	r r_s min	r_1s min	安装尺寸/mm d_a min	安装尺寸/mm D_a max	安装尺寸/mm r_as max	70000C (α=15°) a/mm	70000C 动载荷 C_r/kN	70000C 静载荷 C_0r/kN	70000AC (α=25°) a/mm	70000AC 动载荷 C_r/kN	70000AC 静载荷 C_0r/kN	极限转速 脂润滑	极限转速 油润滑	原轴承代号 (70000C)	原轴承代号 (70000AC)
7015C	7015AC	75	115	20	1.1	0.6	82	108	1	22.7	49.5	46.5	32.2	46.8	44.2	4 800	6 300	36115	46115
7016C	7016AC	80	125	22	1.1	0.6	89	116	1.5	24.7	58.5	55.8	34.9	55.5	53.2	4 500	6 000	36116	46116
7017C	7017AC	85	130	22	1.1	0.6	94	121	1.5	25.4	62.5	60.2	36.1	59.2	57.2	4 300	5 600	36117	46117
7018C	7018AC	90	140	24	1.5	0.6	99	131	1.5	27.4	71.5	69.8	38.8	67.5	66.5	4 000	5 300	36118	46118
7019C	7019AC	95	145	24	1.5	0.6	104	136	1.5	28.1	73.5	73.2	40	69.5	69.8	3 800	5 000	36119	46119
7020C	7020AC	100	150	24	1.5	0.6	109	141	1.5	28.7	79.2	78.5	41.2	75	74.8	3 800	5 000	36120	46120
7200C	7200AC	10	30	9	0.6	0.3	15	25	0.6	7.2	5.82	2.95	9.2	5.58	2.82	18 000	26 000	36200	46200
7201C	7201AC	12	32	10	0.6	0.3	17	27	0.6	8	7.35	3.52	10.2	7.10	3.35	17 000	24 000	36201	46201
7202C	7202AC	15	35	11	0.6	0.3	20	30	0.6	8.9	8.68	4.62	11.4	8.35	4.40	16 000	22 000	36202	46202
7203C	7203AC	17	40	12	0.6	0.3	22	35	0.6	9.9	10.8	5.95	12.8	10.5	5.65	15 000	20 000	36203	46203
7204C	7204AC	20	47	14	1	0.3	26	41	1	11.5	14.5	8.22	14.9	14.0	7.82	13 000	18 000	36204	46204
7205C	7205AC	25	52	15	1	0.3	31	46	1	12.7	16.5	10.5	16.4	15.8	9.88	11 000	16 000	36205	46205
7206C	7206AC	30	62	16	1	0.3	36	56	1	14.2	23.0	15.0	18.7	22.0	14.2	9 000	13 000	36206	46206
7207C	7207AC	35	72	17	1.1	0.3	42	65	1	15.7	30.5	20.0	21	29.0	19.2	8 000	11 000	36207	46207
7208C	7208AC	40	80	18	1.1	0.6	47	73	1	17	36.8	25.8	23	35.2	24.5	7 500	10 000	36208	46208
7209C	7209AC	45	85	19	1.1	0.6	52	78	1	18.2	38.5	28.5	24.7	36.8	27.2	6 700	9 000	36209	46209
7210C	7210AC	50	90	20	1.1	0.6	57	83	1	19.4	42.8	32.0	26.3	40.8	30.5	6 300	8 500	36210	46210
7211C	7211AC	55	100	21	1.5	0.6	64	91	1.5	20.9	52.8	40.5	28.6	50.5	38.5	5 600	7 500	36211	46211
7212C	7212AC	60	110	22	1.5	0.6	69	101	1.5	22.4	61.0	48.5	30.8	58.2	46.2	5 300	7 000	36212	46212
7213C	7213AC	65	120	23	1.5	0.6	74	111	1.5	24.2	69.8	55.2	33.5	66.5	52.5	4 800	6 300	36213	46213
7214C	7214AC	70	125	24	1.5	0.6	79	116	1.5	25.3	70.2	60.0	35.1	69.2	57.5	4 500	6 000	36214	46214

续表

轴承代号		基本尺寸/mm					安装尺寸/mm			70000C (α=15°)			70000AC (α=25°)			极限转速 /(r·min⁻¹)		原轴承代号	
		d	D	B	r_s min	r_{1s} min	d_a min	D_a max	r_{as} max	a/mm	基本额定 动载荷 C_r/kN	基本额定 静载荷 C_{0r}/kN	a/mm	基本额定 动载荷 C_r/kN	基本额定 静载荷 C_{0r}/kN	脂润滑	油润滑		
7215C	7215AC	75	130	25	1.5	0.6	84	121	1.5	26.4	79.2	65.8	36.6	75.2	63.0	4 300	5 600	36215	46215
7216C	7216AC	80	140	26	2	1	90	130	2	27.7	89.5	78.2	38.9	85.0	74.5	4 000	5 300	36216	46216
7217C	7217AC	85	150	28	2	1	95	140	2	29.9	99.8	85.0	41.6	94.8	81.5	3 800	5 000	36217	46217
7218C	7218AC	90	160	30	2	1	100	150	2	31.7	122	105	44.2	118	100	3 600	4 800	36218	46218
7219C	7219AC	95	170	32	2.1	1.1	107	158	2.1	33.8	135	115	46.9	128	108	3 400	4 500	36219	46219
7220C	7220AC	100	180	34	2.1	1.1	112	168	2.1	35.8	148	128	49.7	142	122	3 200	4 300	36220	46220

(0)3 尺寸系列

轴承代号		基本尺寸/mm					安装尺寸/mm			70000C (α=15°)			70000AC (α=25°)			极限转速 /(r·min⁻¹)		原轴承代号	
		d	D	B	r_s min	r_{1s} min	d_a min	D_a max	r_{as} max	a/mm	基本额定 动载荷 C_r/kN	基本额定 静载荷 C_{0r}/kN	a/mm	基本额定 动载荷 C_r/kN	基本额定 静载荷 C_{0r}/kN	脂润滑	油润滑		
7301C	7301AC	12	37	12	1	0.3	18	31	1	8.6	8.10	5.22	12	8.08	4.88	16 000	22 000	36301	46301
7302C	7302AC	15	42	13	1	0.3	21	36	1	9.6	9.38	5.95	13.5	9.08	5.58	15 000	20 000	36302	46302
7303C	7303AC	17	47	14	1	0.3	23	41	1	10.4	12.8	8.62	14.8	11.5	7.08	14 000	19 000	36303	46303
7304C	7304AC	20	52	15	1.1	0.6	27	45	1	11.3	14.2	9.68	16.3	13.8	9.10	12 000	17 000	36304	46304
7305C	7305AC	25	62	17	1.1	0.6	32	55	1	13.1	21.5	15.8	19.1	20.8	14.8	9 500	14 000	36305	46305
7306C	7306AC	30	72	19	1.1	0.6	37	65	1	15	26.5	19.8	22.2	25.2	18.5	8 500	12 000	36306	46306
7307C	7307AC	35	80	21	1.5	0.6	44	71	1.5	16.6	34.2	26.8	24.5	32.8	24.8	7 500	10 000	36307	46307
7308C	7308AC	40	90	23	1.5	0.6	49	81	1.5	18.5	40.2	32.3	27.5	38.5	30.5	6 700	9 000	36308	46308
7309C	7309AC	45	100	25	1.5	0.6	54	91	1.5	20.2	49.2	39.8	30.2	47.5	37.2	6 000	8 000	36309	46309
7310C	7310AC	50	110	27	2	1	60	100	2	22	53.5	47.2	33	55.5	44.5	5 600	7 500	36310	46310
7311C	7311AC	55	120	29	2	1	65	110	2	23.8	70.5	60.5	35.8	67.2	56.8	5 000	6 700	36311	46311
7312C	7312AC	60	130	31	2.1	1.1	72	118	2.1	25.6	80.5	70.2	38.7	77.8	65.8	4 800	6 300	36312	46312
7313C	7313AC	65	140	33	2.1	1.1	77	128	2.1	27.4	91.5	80.5	41.5	89.8	75.5	4 300	5 600	36313	46313
7314C	7314AC	70	150	35	2.1	1.1	82	138	2.1	29.2	102	91.5	44.3	98.5	86.0	4 000	5 300	36314	46314

续表

轴承代号 (C型)	轴承代号 (AC型)	基本尺寸/mm d	D	B	r $r_{s\,min}$	r_1 $r_{1s\,min}$	安装尺寸/mm d_a min	D_a max	r_{as} max	70000C ($\alpha=15°$) a/mm	动载荷 C_r/kN	静载荷 C_{0r}/kN	70000AC ($\alpha=25°$) a/mm	动载荷 C_r/kN	静载荷 C_{0r}/kN	极限转速/(r·min⁻¹) 脂润滑	油润滑	原轴承代号	原轴承代号
7315C	7315AC	75	160	37	2.1	1.1	87	148	2.1	31	112	105	47.2	108	97.0	3 800	5 000	36315	46315
7316C	7316AC	80	170	39	2.1	1.1	92	158	2.1	32.8	122	118	50	118	108	3 600	4 800	36316	46316
7317C	7317AC	85	180	41	3	1.1	99	166	2.5	34.6	132	128	52.8	125	122	3 400	4 500	36317	46317
7318C	7318AC	90	190	43	3	1.1	104	176	2.5	36.4	142	142	55.6	135	135	3 200	4 300	36318	46318
7319C	7319AC	95	200	45	3	1.1	109	186	2.5	38.2	152	158	58.5	145	148	3 000	4 000	36319	46319
7320C	7320AC	100	215	47	3	1.1	114	201	2.5	40.2	162	175	61.9	165	178	2 600	3 600	36320	46320
（0）4 尺寸系列																			
	7406AC	30	90	23	1.5	0.6	39	81	1				26.1	42.5	32.2	7 500	10 000		46406
	7407AC	35	100	25	1.5	0.6	44	91	1.5				29	53.8	42.5	6 300	8 500		46407
	7408AC	40	110	27	2	1	50	100	2				31.8	62.0	49.5	6 000	8 000		46408
	7409AC	45	120	29	2	1	55	110	2				34.6	66.8	52.8	5 300	7 000		46409
	7410AC	50	130	31	2.1	1.1	62	118	2.1				37.4	76.5	64.2	5 000	6 700		46410
	7412AC	60	150	35	2.1	1.1	72	138	2.1				43.1	102	90.8	4 300	5 600		46412
	7414AC	70	180	42	3	1.1	84	166	2.5				51.5	125	125	3 600	4 800		46414
	7416AC	80	200	48	3	1.1	94	186	2.5				58.1	152	162	3 200	4 300		46416

注:(1) 表中部分数据摘自 GB/T 292—2007。

(2) 表中 C_r 值,对(1)0、(0)2 系列为真空脱气轴承钢材料轴承的载荷能力;对(0)3、(0)4 系列为电炉轴承钢材料轴承的载荷能力。

(3) $r_{s\,min}$ 为 r 的单向最小倒角尺寸;$r_{as\,max}$ 为 r_a 的单向最大倒角尺寸。

表 D.3 圆锥滚子轴承

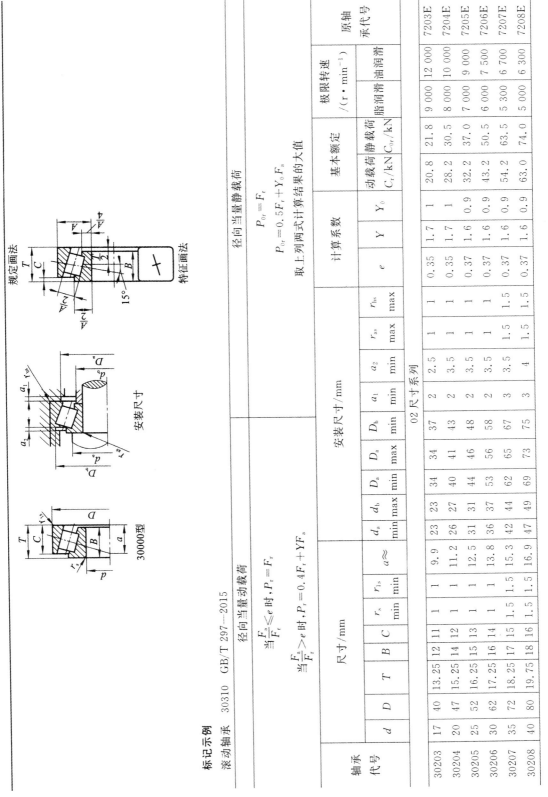

标记示例

滚动轴承 30310 GB/T 297—2015

径向当量动载荷

当 $\dfrac{F_a}{F_r} \le e$ 时, $P_r = F_r$

当 $\dfrac{F_a}{F_r} > e$ 时, $P_r = 0.4F_r + YF_a$

径向当量静载荷

$P_{0r} = F_r$

$P_{0r} = 0.5F_r + Y_0 F_a$

取上列两式计算结果的大值

轴承代号	尺寸/mm								安装尺寸/mm									计算系数			基本额定		极限转速 /(r·min⁻¹)		原轴承代号
	d	D	T	B	C	r_s min	r_{1s} min	$a\approx$	d_a min	d_b max	D_a min	D_a max	D_b min	a_1 min	a_2 min	r_{as} max	r_{1s} max	e	Y	Y_0	动载荷 C_r/kN	静载荷 C_{0r}/kN	脂润滑	油润滑	
02 尺寸系列																									
30203	17	40	13.25	12	11	1	1	9.9	23	23	34	34	37	2	2.5	1	1	0.35	1.7	1	20.8	21.8	9 000	12 000	7203E
30204	20	47	15.25	14	12	1	1	11.2	26	27	40	41	43	2	3.5	1	1	0.35	1.7	1	28.2	30.5	8 000	10 000	7204E
30205	25	52	16.25	15	13	1	1	12.5	31	31	44	46	48	2	3.5	1	1	0.37	1.6	0.9	32.2	37.0	7 000	9 000	7205E
30206	30	62	17.25	16	14	1	1	13.8	36	37	53	56	58	2	3.5	1	1	0.37	1.6	0.9	43.2	50.5	6 000	7 500	7206E
30207	35	72	18.25	17	15	1.5	1.5	15.3	42	44	62	65	67	3	3.5	1.5	1.5	0.37	1.6	0.9	54.2	63.5	5 300	6 700	7207E
30208	40	80	19.75	18	16	1.5	1.5	16.9	47	49	69	73	75	3	4	1.5	1.5	0.37	1.6	0.9	63.0	74.0	5 000	6 300	7208E

续表

轴承代号	尺寸/mm								安装尺寸/mm									计算系数			基本额定		极限转速 /(r·min⁻¹)		原轴承代号
	d	D	T	B	C	r_s min	r_{1s} min	$a\approx$	d_a min	d_b max	D_a min	D_a max	D_b min	a_1 min	a_2 min	r_{as} max	r_{bs} max	e	Y	Y_0	动载荷 C_r/kN	静载荷 C_{0r}/kN	脂润滑	油润滑	
30209	45	85	20.75	19	16	1.5	1.5	18.6	52	53	74	78	80	3	5	1.5	1.5	0.4	1.5	0.8	67.8	83.5	4 500	5 600	7209E
30210	50	90	21.75	20	17	1.5	1.5	20	57	58	79	83	86	3	5	1.5	1.5	0.42	1.4	0.8	73.2	92.0	4 300	5 300	7210E
30211	55	100	22.75	21	18	2	1.5	21	64	64	88	91	95	4	5	2	1.5	0.4	1.5	0.8	90.8	115	3 800	4 800	7211E
30212	60	110	23.75	22	19	2	1.5	22.3	69	69	96	101	103	4	5	2	1.5	0.4	1.5	0.8	102	130	3 600	4 500	7212E
30213	65	120	24.75	23	20	2	1.5	23.8	74	77	106	111	114	4	5	2	1.5	0.4	1.5	0.8	120	152	3 200	4 000	7213E
30214	70	125	26.25	24	21	2	1.5	25.8	79	81	110	116	119	4	5.5	2	1.5	0.42	1.4	0.8	132	175	3 000	3 800	7214E
30215	75	130	27.25	25	22	2	2	27.4	84	85	115	121	125	4	5.5	2	1.5	0.44	1.4	0.8	138	185	2 800	3 600	7215E
30216	80	140	28.25	26	22	2.5	2	28.1	90	90	124	130	133	4	6	2.1	2	0.42	1.4	0.8	160	212	2 600	3 400	7216E
30217	85	150	30.5	28	24	2.5	2	30.3	95	96	132	140	142	5	6.5	2.1	2	0.42	1.4	0.8	178	238	2 400	3 200	7217E
30218	90	160	32.5	30	26	2.5	2	32.3	100	102	140	150	151	5	6.5	2.1	2	0.42	1.4	0.8	200	270	2 200	3 000	7218E
30219	95	170	34.5	32	27	3	2.5	34.2	107	108	149	158	160	5	7.5	2.5	2.1	0.42	1.4	0.8	228	308	2 000	2 800	7219E
30220	100	180	37	34	29	3	2.5	36.4	112	114	157	168	169	5	8	2.5	2.1	0.42	1.4	0.8	255	350	1 900	2 600	7220E
03 尺寸系列																								
30302	15	42	14.25	13	11	1	1	9.6	21	22	36	36	38	2	3.5	1	1	0.29	2.1	1.2	22.8	21.5	9 000	12 000	7302E
30303	17	47	15.25	14	12	1	1	10.4	23	25	40	41	43	3	3.5	1	1	0.29	2.1	1.2	28.2	27.2	8 500	11 000	7303E
30304	20	52	16.25	15	13	1.5	1.5	11.1	27	28	44	45	48	3	3.5	1.5	1.5	0.3	2	1.1	33.0	33.2	7 500	9 500	7304E
30305	25	62	18.25	17	15	1.5	1.5	13	32	34	54	55	58	3	3.5	1.5	1.5	0.3	2	1.1	46.8	48.0	6 300	8 000	7305E
30306	30	72	20.75	19	16	1.5	1.5	15.3	37	40	62	65	66	3	5	1.5	1.5	0.31	1.9	1.1	59.0	63.0	5 600	7 000	7306E
30307	35	80	22.75	21	18	2	1.5	16.8	44	45	70	71	74	3	5	2	1.5	0.31	1.9	1.1	75.2	82.5	5 000	6 300	7307E
30308	40	90	25.25	23	20	2	1.5	19.5	49	52	77	81	84	3	5.5	2	1.5	0.35	1.7	1	90.8	108	4 500	5 600	7308E
30309	45	100	27.25	25	22	2	1.5	21.3	54	59	86	91	94	3	5.5	2	1.5	0.35	1.7	1	108	130	4 000	5 000	7309E
30310	50	110	29.25	27	23	2.5	2	23	60	65	95	100	103	4	6.5	2	2	0.35	1.7	1	130	158	3 800	4 800	7310E
30311	55	120	31.5	29	25	2.5	2	24.9	65	70	104	110	112	4	6.5	2.5	2	0.35	1.7	1	152	188	3 400	4 300	7311E

续表

轴承代号	尺寸/mm							$a\approx$	安装尺寸/mm									计算系数			基本额定		极限转速 /(r·min^{-1})		原轴承代号
	d	D	T	B	C	r_s min	r_{1s} min		d_a min	d_b max	D_a min	D_a max	D_b min	a_1 min	a_2 min	r_{as} max	r_{bs} max	e	Y	Y_0	动载荷 C_r/kN	静载荷 C_{0r}/kN	脂润滑	油润滑	
30312	60	130	33.5	31	26	3	2.5	26.6	72	76	112	118	121	5	7.5	2.5	2.1	0.35	1.7	1	170	210	3 200	4 000	7312E
30313	65	140	36	33	28	3	2.5	28.7	77	83	122	128	131	5	8	2.5	2.1	0.35	1.7	1	195	242	2 800	3 600	7313E
30314	70	150	38	35	30	3	5	30.7	82	89	130	138	141	5	8	2.5	2.1	0.35	1.7	1	218	272	2 600	3 400	7314E
30315	75	160	40	37	31	3	2.5	32	87	95	139	148	150	5	9	2.5	2.1	0.35	1.7	1	252	318	2 400	3 200	7315E
30316	80	170	42.5	39	33	3	2.5	34.4	92	102	148	158	160	5	9.5	2.5	2.1	0.35	1.7	1	278	352	2 200	3 000	7316E
30317	85	180	44.5	41	34	4	3	35.9	99	107	156	166	168	6	10.5	3	2.5	0.35	1.7	1	305	388	2 000	2 800	7317E
30318	90	190	46.5	43	36	4	3	37.5	104	113	165	176	178	6	10.5	3	2.5	0.35	1.7	1	342	440	1 900	2 600	7318E
30319	95	200	49.5	45	38	4	3	40.1	109	118	172	186	185	6	11.5	3	2.5	0.35	1.7	1	370	478	1 800	2 400	7319E
30320	100	215	51.5	47	39	4	3	42.2	114	127	184	201	199	6	12.5	3	2.5	0.35	1.7	1	405	525	1 600	2 000	7320E
22 尺寸系列																									
32206	30	62	21.25	20	17	1	1	15.6	36	36	52	56	58	3	4.5	1	1	0.37	1.6	0.9	51.8	63.8	6 000	7 500	7506E
32207	35	72	24.25	23	19	1.5	1.5	17.9	42	42	61	65	68	3	5.5	1.5	1.5	0.37	1.6	0.9	70.5	89.5	5 300	6 700	7507E
32208	40	80	24.75	23	19	1.5	1.5	18.9	47	48	68	73	75	3	6	1.5	1.5	0.37	1.6	0.9	77.8	97.2	5 000	6 300	7508E
32209	45	85	24.75	23	19	1.5	1.5	20.1	52	53	73	78	81	3	6	1.5	1.5	0.4	1.5	0.8	80.8	105	4 500	5 600	7509E
32210	50	90	24.75	23	19	1.5	1.5	21	57	57	78	83	86	3	6	1.5	1.5	0.42	1.4	0.8	82.8	108	4 300	5 300	7510E
32211	55	100	26.75	25	21	2	1.5	22.8	64	62	87	91	96	4	6	2	1.5	0.4	1.5	0.8	108	142	3 800	4 800	7511E
32212	60	110	29.75	28	24	2	1.5	25	69	68	95	101	105	4	6	2	1.5	0.4	1.5	0.8	132	180	3 600	4 500	7512E
32213	65	120	32.75	31	27	2	1.5	27.3	74	75	104	111	115	4	6	2	1.5	0.4	1.5	0.8	160	222	3 200	4 000	7513E
32214	70	125	33.25	31	27	2	1.5	28.8	79	79	108	116	120	4	6.5	2	1.5	0.42	1.4	0.8	168	238	3 000	3 800	7514E
32215	75	130	33.25	31	27	2	1.5	30	84	84	115	121	126	4	6.5	2	1.5	0.44	1.4	0.8	170	242	2 800	3 600	7515E

续表

轴承代号	尺寸/mm								安装尺寸/mm									计算系数			基本额定		极限转速/(r·min⁻¹)		原轴承代号
	d	D	T	B	C	r_s min	r_{1s} min	$a\approx$	d_a min	d_b max	D_a min	D_a max	D_b min	a_1 min	a_2 min	r_{as} max	r_{bs} max	e	Y	Y_0	动载荷 C_r/kN	静载荷 C_{or}/kN	脂润滑	油润滑	
32216	80	140	35.25	33	28	2.5	2	31.4	90	89	122	130	135	5	7.5	2.1	2	0.42	1.4	0.8	198	278	2 600	3 400	7516E
32217	85	150	38.5	36	30	2.5	2	33.9	95	95	130	140	143	5	8.5	2.1	2	0.42	1.4	0.8	228	325	2 400	3 200	7517E
32218	90	160	42.5	40	34	2.5	2	36.8	100	101	138	150	153	5	8.5	2.1	2	0.42	1.4	0.8	270	395	2 200	3 000	7518E
32219	95	170	45.5	43	37	3	2.5	39.2	107	106	145	158	163	5	8.5	2.5	2.1	0.42	1.4	0.8	302	448	2 000	2 800	7519E
32220	100	180	49	46	39	3	2.5	41.9	112	113	154	168	172	5	10	2.5	2.1	0.42	1.4	0.8	340	512	1 900	2 600	7520E
23 尺寸系列																									
32303	17	47	20.25	19	16	1	1	12.3	23	24	39	41	43	3	4.5	1	1	0.29	2.1	1.2	35.2	36.2	8 500	11 000	7603E
32304	20	52	22.25	21	18	1.5	1.5	13.6	27	26	43	45	48	3	4.5	1.5	1.5	0.3	2	1.1	42.8	46.2	7 500	9 500	7604E
32305	25	62	25.25	24	20	1.5	1.5	15.9	32	32	52	55	58	3	5.5	1.5	1.5	0.3	2	1.1	61.5	68.8	6 300	8 000	7605E
32306	30	72	28.75	27	23	1.5	1.5	18.9	37	38	59	65	66	4	6	1.5	1.5	0.31	1.9	1.1	81.5	96.5	5 600	7 000	7606E
32307	35	80	32.75	31	25	2	1.5	20.4	44	43	66	71	74	4	8.5	2	1.5	0.31	1.9	1.1	99.0	118	5 000	6 300	7607E
32308	40	90	35.25	33	27	2	1.5	23.3	49	49	73	81	83	4	8.5	2	1.5	0.35	1.7	1	115	148	4 500	5 600	7608E
32309	45	100	38.25	36	30	2	1.5	25.6	54	56	82	91	93	4	8.5	2	1.5	0.35	1.7	1	145	188	4 000	5 000	7609E
32310	50	110	42.25	40	33	2.5	2	28.2	60	61	90	100	102	5	9.5	2.5	2	0.35	1.7	1	178	235	3 800	4 800	7610E
32311	55	120	45.5	43	35	2.5	2	30.4	65	66	99	110	111	5	10	2.5	2	0.35	1.7	1	202	270	3 400	4 300	7611E
32312	60	130	48.5	46	37	3	2.5	32	72	72	107	118	122	6	11.5	2.5	2.1	0.35	1.7	1	228	302	3 200	4 000	7612E
32313	65	140	51	48	39	3	2.5	34.3	77	79	117	128	131	6	12	2.5	2.1	0.35	1.7	1	260	350	2 800	3 600	7613E
32314	70	150	54	51	42	3	2.5	36.5	82	84	125	138	141	6	12	2.5	2.1	0.35	1.7	1	298	408	2 600	3 400	7614E

续表

轴承代号	尺寸/mm								安装尺寸/mm									计算系数			基本额定		极限转速/(r·min⁻¹)		原轴承代号
	d	D	T	B	C	r_s min	r_{1s} min	$a \approx$	d_a min	d_b max	D_a min	D_a max	D_b min	a_1 min	a_2 min	r_{as} max	r_{bs} max	e	Y	Y_0	动载荷 C_r/kN	静载荷 C_{0r}/kN	脂润滑	油润滑	
32315	75	160	58	55	45	3	2.5	39.4	87	91	133	148	150	7	13	2.5	2.1	0.35	1.7	1	348	482	2 400	3 200	7615E
32316	80	170	61.5	58	48	3	2.5	42.1	92	97	142	158	160	7	13.5	2.5	2.1	0.35	1.7	1	388	542	2 200	3 000	7616E
32317	85	180	63.5	60	49	4	3	43.5	99	102	150	166	168	8	14.5	3	2.5	0.35	1.7	1	422	592	2 000	2 800	7617E
32318	90	190	67.5	64	53	4	3	46.2	104	107	157	176	178	8	14.5	3	2.5	0.35	1.7	1	478	682	1 900	2 600	7618E
32319	95	200	71.5	67	55	4	3	49	109	114	166	186	187	8	16.5	3	2.5	0.35	1.7	1	515	738	1 800	2 400	7619E
32320	100	215	77.5	73	60	4	3	52.9	114	122	177	201	201	8	17.5	3	2.5	0.35	1.7	1	600	872	1 600	2 000	7620E

注:(1)表中部分数据摘自 GB/T 292—2015。

(2)表中 C_r 值适用于轴承材料为真空脱气轴承钢的情况。如轴承材料为普通电炉钢,C_r 值降低;如轴承材料为真空重熔或电渣重熔轴承钢,C_r 值提高。

(3)后缀带 E 的为加强型圆柱滚子轴承,优先选用。

附录 E 附 件

表 E.1 凸缘式轴承端盖 （单位:mm）

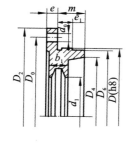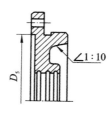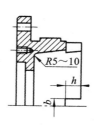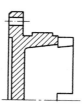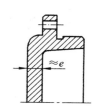

$d_0 = d_3 + 1$ mm

$D_0 = D + 2.5d_3$

$D_2 = D_0 + 2.5d_3$

$e = 1.2d_3$

$e_1 \geqslant e$

m 由结构确定

$D_4 = D - (10 \sim 15)$ mm

$D_5 = D_0 - 3d_3$

$D_6 = D - (2 \sim 4)$ mm

b_1、d_1 由密封件尺寸确定

$b = 5 \sim 10$ mm

$h = (0.8 \sim 1)b$

轴承外径 D	螺钉直径 d_3	螺钉数
45~65	6	4
70~100	8	4
110~140	10	6
150~230	12~16	6

注:材料为 HT150。

表 E.2 嵌入式轴承端盖 （单位:mm）

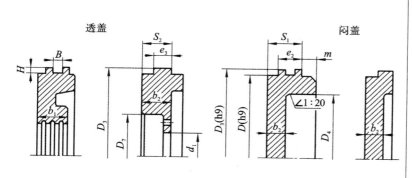

$S_1 = 15 \sim 20$ mm

$S_2 = 10 \sim 15$ mm

$e_2 = 8 \sim 12$ mm

$e_3 = 5 \sim 8$ mm

m 由结构确定，$D_3 = D + e_2$，装有 O 形密封圈时，按 O 形密封圈外径取整（见表 E.4）

$b_2 = 8 \sim 10$ mm

其余尺寸由密封圈尺寸确定

表 E.3　毡圈油封　　　　　　　　　　　　　　　　（单位：mm）

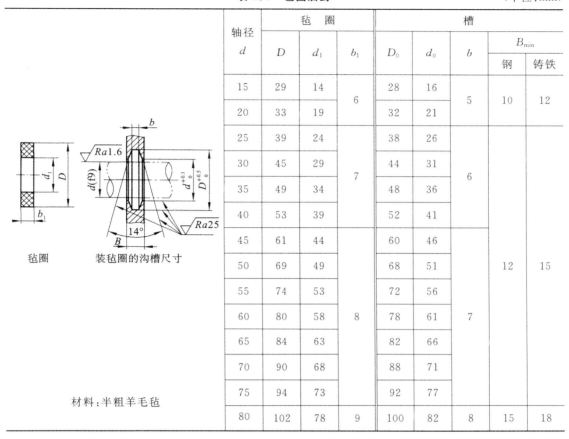

毡圈　　　装毡圈的沟槽尺寸

材料：半粗羊毛毡

轴径 d	毡圈			槽			B_{min}	
	D	d_1	b_1	D_0	d_0	b	钢	铸铁
15	29	14	6	28	16	5	10	12
20	33	19	6	32	21	5	10	12
25	39	24	7	38	26	6	10	12
30	45	29	7	44	31	6	10	12
35	49	34	7	48	36	6	10	12
40	53	39	7	52	41	6	10	12
45	61	44	7	60	46	6	12	15
50	69	49	7	68	51	6	12	15
55	74	53	7	72	56	6	12	15
60	80	58	8	78	61	7	12	15
65	84	63	8	82	66	7	12	15
70	90	68	8	88	71	7	12	15
75	94	73	8	92	77	7	12	15
80	102	78	9	100	82	8	15	18

表 E.4　O 形橡胶密封圈（摘自 GB/T 3452.1—2005、GB/T 3452.3—2005）　　　　（单位：mm）

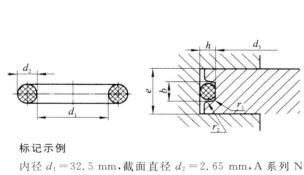

标记示例

内径 $d_1=32.5$ mm，截面直径 $d_2=2.65$ mm，A 系列 N 级 O 形橡胶密封圈：

O 形圈 32.5×2.65-A-N-GB/T 3452.1—2005

沟槽尺寸					
d_2	$b^{+0.25}_{0}$	$h^{+0.10}_{0}$	d_3 偏差值	r_1	r_2
1.8	2.4	1.312	$\begin{matrix}0\\-0.04\end{matrix}$	0.2～0.4	0.1～0.3
2.65	3.6	2.0	$\begin{matrix}0\\-0.05\end{matrix}$	0.2～0.4	0.1～0.3
3.55	4.8	2.19	$\begin{matrix}0\\-0.06\end{matrix}$	0.4～0.8	0.1～0.3
5.3	7.1	4.31	$\begin{matrix}0\\-0.07\end{matrix}$	0.4～0.8	0.1～0.3
7.0	9.5	5.85	$\begin{matrix}0\\-0.09\end{matrix}$	0.8～1.2	0.1～0.3

d_1		d_2				d_1		d_2			
尺寸	公差±	1.8 ±0.08	2.65 ±0.09	3.55 ±0.10	5.3 ±0.13	尺寸	公差±	1.8 ±0.08	2.65 ±0.09	3.55 ±0.10	5.3 ±0.13
13.2	0.21	*	*			38.7	0.40	*	*	*	
14	0.22	*	*			40	0.41	*	*	*	*
15	0.22	*	*			41.2	0.42	*	*	*	*
16	0.23	*	*			42.5	0.43	*	*	*	*
17	0.24	*	*			43.7	0.44	*	*	*	*
18	0.25	*	*	*		45	0.44	*	*	*	*
19	0.25	*	*	*		46.2	0.45	*	*	*	*
20	0.26	*	*	*		47.5	0.46	*	*	*	*
21.2	0.27	*	*	*		48.7	0.47	*	*	*	*
22.4	0.28	*	*	*		50	0.48	*	*	*	*
23.6	0.29	*	*	*		51.5	0.49		*	*	*
25	0.30	*	*	*		53	0.50		*	*	*
25.8	0.31	*	*	*		54.5	0.51		*	*	*
26.5	0.31	*	*	*		56	0.52	*	*	*	
30.0	0.34	*	*	*		58	0.54	*	*	*	
28.0	0.32	*	*	*		60	0.55	*	*	*	
31.5	0.35	*	*	*		61.5	0.56	*	*	*	
32.5	0.36	*	*	*		63	0.57	*	*	*	
33.5	0.36	*	*	*		65	0.58	*	*	*	
34.5	0.37	*	*	*		67	0.60	*	*	*	
35.5	0.38	*	*	*		69	0.61	*	*	*	
36.5	0.38	*	*	*		71	0.63	*	*	*	
37.5	0.39	*	*	*		73	0.64	*	*	*	

续表

d_1		d_2				d_1		d_2			
尺寸	公差 ±	1.8 ± 0.08	2.65 ± 0.09	3.55 ± 0.10	5.3 ± 0.13	尺寸	公差 ±	1.8 ± 0.08	2.65 ± 0.09	3.55 ± 0.10	5.3 ± 0.13
75	0.65	*	*	*		109	0.89	*	*	*	*
77.5	0.67	*	*	*		112	0.91	*	*	*	*
80	0.69	*	*	*		115	0.93	*	*	*	*
82.5	0.71	*	*	*		118	0.95	*	*	*	*
85	0.72	*	*	*		122	0.97	*	*	*	*
87.5	0.74	*	*	*		125	0.99	*	*	*	*
90	0.76	*	*	*		128	1.01	*	*	*	*
92.5	0.77	*	*	*		132	1.04	*	*	*	*
95	0.79	*	*	*	*	136	1.07	*	*	*	*
97.5	0.81	*	*	*		140	1.09	*	*	*	*
100	0.82	*	*	*	*	145	1.113	*	*	*	*
103	0.85	*	*	*	*	150	1.16	*	*	*	*
106	0.87	*	*	*	*	155	1.19		*	*	*

注：* 为可选规格。

表 E.5　内包骨架旋转轴唇形密封圈（摘自 GB/T 9877—2008）　　　　　（单位：mm）

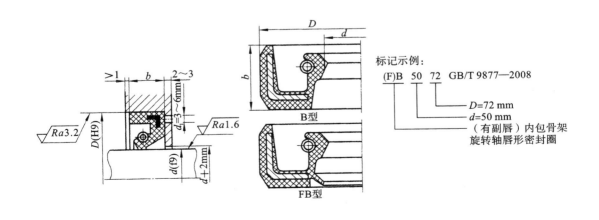

基本内径 d	外径 D	宽度 b	基本内径 d	外径 D	宽度 b	基本内径 d	外径 D	宽度 b
16	30、(35)		38	55、58、62		75	95、100	10
18	30、35		40	55、(60)、62		80	100、110	
20	35、40、(45)		42	55、62		85	110、120	
22	35、40、47	7	45	62、65	8	90	(115)、120	
25	40、47、52		50	68、(70)、72		95	120	
28	40、47、52		55	72、(75)、80		100	125	12
30	40、47、(50)、52		60	80、85		(105)	(130)	
32	45、47、52	8	65	85、90	10	110	140	
35	50、52、55		70	90、95		120	150	

注:(1)括号内的尺寸尽量不用。

(2)为便于拆卸密封圈,在壳体上应有 3～4 个 ϕd_1 孔。

(3)B 型为单唇,FB 型为双唇。

表 E.6　窥视孔及窥视孔盖　　　　　　　　　　（单位:mm）

A	100、120、150、180、200
A_1	$A+(5\sim6)d_4$
A_2	$\frac{1}{2}(A+A_1)$
B	$B_1-(5\sim6)d_4$
B_1	箱体宽－(15～20) mm
B_2	$\frac{1}{2}(B+B_1)$
d_4	M5～M8,螺钉数 4～6 个
R	5～10
h	3～5

注:材料为 Q235A 钢板或 HT150。

表 E.7　通气器　　　　　　　　　　　　　　（单位:mm）

通气塞

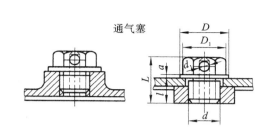

提手式通气器

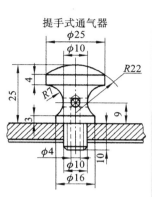

d	D	D_1	s	L	l	a	d_1
M12×1.25	18	16.5	14	19	10	2	4
M16×1.5	22	19.6	17	23	12	2	5
M20×1.5	30	25.4	22	28	15	4	6
M22×1.5	32	25.4	22	29	15	4	7
M27×1.5	38	31.2	27	34	18	4	8
M30×2	42	36.9	32	36	18	4	8
M33×2	45	36.9	32	38	20	4	8
M36×3	50	41.6	36	46	25	5	8

表 E.8　杆式油标尺　　　　　　　　　　　　（单位:mm）

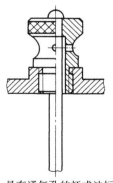
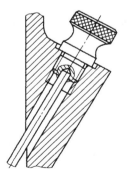
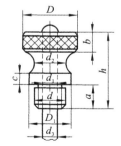

具有通气孔的杆式油标

d	d_1	d_2	d_3	h	a	b	c	D	D_1
M12	4	12	6	28	10	6	4	20	16
M16	4	16	6	35	12	8	5	26	22
M20	6	20	8	42	15	10	6	32	26

表 E. 9　放油螺塞和封油垫圈　　　　　　　　　　　　（单位:mm）

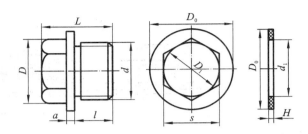

d	D_0	L	l	a	D	S	d_1	H
M14×1.5	22	22	12	3	19.6	17	15	2
M16×1.5	26	23	12	3	19.6	17	17	2
M20×1.5	30	28	15	4	25.4	22	22	2
M24×2	34	31	16	4	25.4	22	26	2.5
M27×2	38	34	18	4	31.2	27	29	2.5

表 E. 10　吊环螺钉　　　　　　　　　　　　（单位:mm）

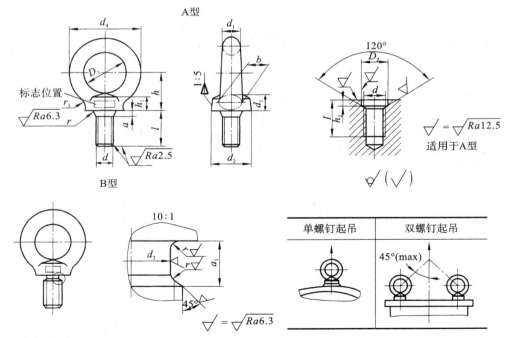

标记示例

规格为 20 mm,材料为 20 钢,经正火处理,不经表面处理的 A 型吊环螺钉:

螺钉　GB 825　M20

续表

螺纹规格(d)			M8	M10	M12	M16	M20	M24	M30	M36	M42	M48
d_1	max		9.1	11.1	13.1	15.2	17.4	21.4	25.7	30	34.4	40.7
D_1	公称		20	24	28	34	40	48	56	67	80	95
d_2	max		21.1	25.1	29.1	35.2	41.4	49.4	57.7	69	82.4	97.7
h_1	max		7	9	11	13	15.1	19.1	23.2	27.4	31.7	36.9
l	公称		16	20	22	28	35	40	45	55	65	70
d_4	参考		36	44	52	62	72	88	104	123	144	171
h			18	22	26	31	36	44	53	63	74	87
r_1			4	4	6	6	8	12	15	18	20	22
r	min		1	1	1	1	1	2	2	3	3	3
a_1	max		3.75	4.5	5.25	6	7.5	9	10.5	12	13.5	15
d_3	公称(max)		6	7.7	9.4	13	16.4	19.6	25	30.8	35.6	41
a	max		2.5	3	3.5	4	5	6	7	8	9	10
b			10	12	14	16	19	24	28	32	38	46
D_2	公称(min)		13	15	17	22	28	32	38	45	52	60
h_2	公称(min)		2.5	3	3.5	4.5	5	7	8	9.5	10.5	11.5
最大起吊质量/t	单螺钉起吊	(参见右上图)	0.16	0.25	0.4	0.63	1	1.6	2.5	4	6.3	8
	双螺钉起吊		0.08	0.125	0.2	0.32	0.5	0.8	1.25	2	3.2	4

减速器类型	一级圆柱齿轮减速器						二级圆柱齿轮减速器				
中心距 a	100	125	160	200	250	315	100×140	140×200	180×250	200×280	250×355
重量 W/kN	0.26	0.52	1.05	2.1	4	8	1	2.6	4.8	6.8	12.5

注:(1)表中部分数据摘自 GB 825—88。

(2)M8～M36 为商品规格。

表 E.11　吊耳及吊钩　　　　　　　　　　（单位:mm）

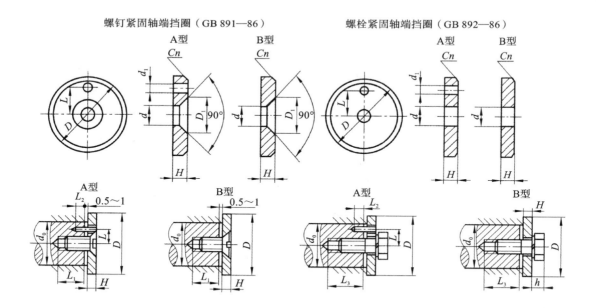

	箱盖吊钩	箱盖吊耳	箱座吊耳
图形			
尺寸	$C_1=(4\sim5)\delta_1$ $C_2=(1.3\sim1.5)C_1$ $b=2\delta_1$ $R=C_2$ $r_1=0.25C_1$ $r_2=0.2C_1$ δ_1 为箱盖壁厚	$d=(1.8\sim2.5)\delta_1$ $R=(1\sim1.2)d$ $e=(0.8\sim1)d$ $b=2\delta_1$ δ_1 为箱盖壁厚	$B=C_1+C_2$ $H=0.8B$ $h=0.5H$ $r_2=0.25B$ $b=2\delta$ C_1、C_2 为扳手空间尺寸 δ 为箱座壁厚

表 E.12　挡圈　　　　　　　　　　（单位:mm）

螺钉紧固轴端挡圈（GB 891—86）　　　　　　螺栓紧固轴端挡圈（GB 892—86）

标记示例

公称直径 $D=45$ mm,材料为 Q235A,不经表面处理的 A 型螺钉紧固轴端挡圈:

$$挡圈\ GB\ 891\quad 45$$

按 B 型制造,应加标记 B:

$$挡圈\ GB\ 891\quad B45$$

续表

轴径≤	公称直径 D	H 公称尺寸	H 极限偏差	L 公称尺寸	L 极限偏差	d	d_1	n	D_1	GB 891—86 螺钉 GB 819（推荐）	GB 891—86 圆柱销 GB 119（推荐）	GB 892—86 螺栓 GB/T 5783（推荐）	GB 892—86 圆柱销 GB/T 119（推荐）	GB 892—86 垫圈 GB/T 93（推荐）
14	20													
16	22													
18	25	4			±0.11	5.5	2.1	0.5	11	M5×12	A2×10	M5×16	A2×10	5
20	28													
22	30													
25	32													
28	35			10										
30	38	5	0 −0.30			6.6	3.2	1	13	M6×16	A3×12	M6×20	A3×12	6
32	40													
35	45			12										
40	50				±0.135									
45	55													
50	60			16										
55	65	6				9	4.2	1.5	17	M8×20	A4×14	M8×25	A4×14	8
60	70													
65	75			20										
70	80				±0.165									
75	90	8	0 −0.36	25		13	5.2	2	25	M12×25	A5×16	M12×30	A5×16	12
85	100													

注:(1)挡圈装在带螺纹中心孔的轴端时,紧固用螺钉允许加长。

(2)材料为 Q235A、35 钢和 45 钢。

(3)用于轴端上固定零(部)件。

表 E. 13　轴用弹性挡圈（摘自 GB/T 894—2017）　　　　　　　　（单位:mm）

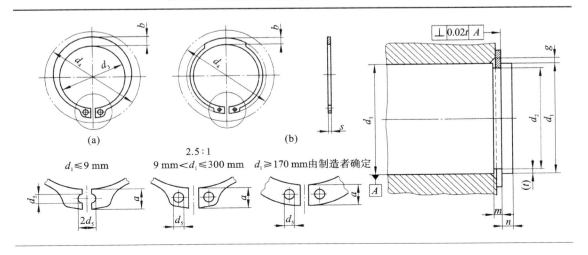

(a)　　　　　　　　　　　　　　　(b)

2.5 : 1

$d_1 \leqslant 9$ mm　　　9 mm$<d_1 \leqslant 300$ mm　　$d_1 \geqslant 170$ mm 由制造者确定

标记示例

轴径 $d_1 = 40$ mm，厚度 $s = 1.75$ mm，材料为 C67S，表面磷化处理的 A 型轴用弹性挡圈：

挡圈 GB/T 894　40

轴径 $d_1 = 40$ mm，厚度 $s = 2.0$ mm，材料为 C67S，表面磷化处理的 B 型轴用弹性挡圈：

挡圈 GB/T 894　40B

轴径	挡圈				沟槽（推荐）			孔	轴径	挡圈				沟槽（推荐）			孔
d_1	d_3	s	$b\approx$	d_5	d_2	m	$n\geqslant$	$d_4\geqslant$	d_1	d_3	s	$b\approx$	d_5	d_2	m	$n\geqslant$	$d_4\geqslant$
18	16.5		2.4		17			26.2	52	47.8		5.2		49			66.7
19	17.5		2.5		18			27.2	55	50.8		5.4		52			70.2
20	18.5		2.6		19		1.5	28.4	56	51.8		5.5		53			71.6
21	19.5	1.2	2.7		20			29.6	58	53.8	2	5.6	2.5	55	2.15		73.6
22	20.5		2.8		21	1.3		30.8	60	55.8		5.8		57			75.6
24	22.2		3.0	2	22.9			33.2	62	57.8		6.0		59			77.8
25	23.2				23.9		1.7	34.2	63	58.8		6.2		60		4.5	79
26	24.2		3.1		24.9			35.5	65	60.8		6.3		62			81.4
28	25.9		3.2		26.6			37.9	68	63.5		6.5		65			84.8
29	26.9		3.4		27.6		2.1	39.1	70	65.5		6.6		67			87
30	27.9		3.5		28.6	1.6		40.5	72	67.5		6.8		69			89.2
32	29.6	1.5	3.6		30.3			43	75	70.5	2.5	7.0	3	72	2.65		92.7
34	31.5		3.8		32.3		2.6	45.4	78	73.5		7.3		75			96.1
35	32.2		3.9		33			46.8	80	74.5		7.4		76.5			98.1
36	33.2		4.0		34		3	47.8	82	76.5		7.6		78.5			100.3
38	35.2		4.2	2.5	36			50.2	85	79.5		7.8		81.5			103.3
40	36.5		4.4		37	1.85		52.6	88	82.5		8.0		84.5		5.3	106.5
42	38.5	1.75	4.5		39.5			55.7	90	84.5	3.0	8.2	3.5	86.5	3.15		108.5
45	41.5		4.7		42.5		3.8	59.1	95	89.5		8.6		91.5			114.8
48	44.5		5.0		45.5			62.5	100	94.5		9.0		96.5			120.2
50	45.8	2	5.1		47	2.15	4.5	64.5									

注：(1) 表中为标准型（A 型）轴用弹性挡圈的尺寸。

　　(2) 挡圈形状由制造者确定。

表 E.14　孔用弹性挡圈（摘自 GB/T 893—2017）　　　　　　　　　　　　　　（单位：mm）

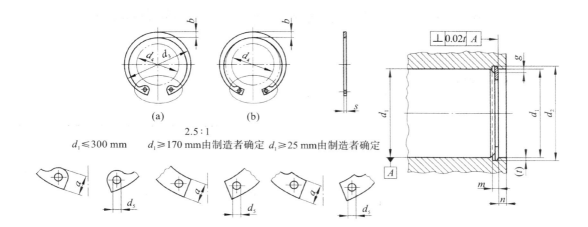

$d_1 \leqslant 300$ mm　　$d_1 \geqslant 170$ mm 由制造者确定　$d_1 \geqslant 25$ mm 由制造者确定

2.5:1

标记示例

孔径 $d_1 = 40$ mm，厚度 $s = 1.75$ mm，材料为 C67S，表面磷化处理的 A 型孔用弹性挡圈：

挡圈 GB/T 893　40

孔径 $d_1 = 40$ mm，厚度 $s = 2.00$ mm，材料为 C67S，表面磷化处理的 B 型孔用弹性挡圈：

挡圈 GB/T 893　40B

孔径		挡圈			沟槽（推荐）				孔径		挡圈			沟槽（推荐）			
d_1	d_3	S	$b\approx$	$d_{s\min}$	d_2	m	$n\geqslant$	$d_4\leqslant$	d_1	d_3	S	$b\approx$	$d_{s\min}$	d_2	m	$n\geqslant$	$d_4\leqslant$
30	32.1	1.2	3.0	2.0	31.4		2.1	19.9	65	69.2	2.5	5.8	3.0	68		4.5	49
31	33.4		3.2		32.7	1.3		20	68	72.5		6.1		71			51.6
32	34.4				33.7		2.6	20.6	70	74.5		6.2		73	2.65		53.6
34	36.5	1.5	3.3		35.7			22.6	72	76.5		6.4		75			55.6
35	37.8		3.4		37			23.6	75	79.5		6.6		78			58.6
36	38.8	1.5	3.5		38	1.6	3	24.6	78	82.5		6.6		81			60.1
37	39.8		3.6		39			25.4	80	85.5		6.8		83.5			62.1
38	40.8		3.7		40			26.4	82	87.5		7.0		85.5			64.1
40	43.5	1.75	3.9		42.5			27.8	85	90.5		7.0		88.5		5.3	66.9
42	45.5		4.1		44.5			29.6	88	93.5		7.2		91.5			69.9
45	48.5	1.75	4.3	2.5	47.5	1.85	3.8	32	90	95.5	3.0	7.6		93.5	3.15		71.9
47	50.5		4.4		49.5			33.5	92	97.5		7.8		95.5			73.7
48	51.5		4.5		50.5			34.5	95	100.5		8.1		98.5			76.5
50	54.2		4.6		53			36.3	98	103.5		8.3		101.5			79
52	56.2		4.7		55			37.9	100	105.5		8.4		103.5			80.6
55	59.2	2	5.0		58			40.7	102	108	3.5	8.5		106			82
56	60.2		5.1		59			41.7	105	112		8.7		109			85
58	62.2		5.2		61	2.15	4.5	43.5	108	115		8.9		112	4.15	6	88
60	64.2		5.4		63			44.7	110	117	4.0	9.0		114			88.2
62	66.2		5.5		65			46.7	112	119		9.1		116			90
63	67.2		5.6		66			47.7	115	122		9.3		119			93

注：(1) 表中为标准型（A 型）孔用弹性挡圈的尺寸。

　　(2) 挡圈形状由制造者确定。

附录 F 减速器零件结构及参考图例

1. 普通 V 带轮

普通 V 带轮尺寸如表 F.1 所示，典型结构如图 F.1 所示。

表 F.1 V 带轮尺寸　　　　　　　　　　　　（单位：mm）

槽型 A

基准直径 d_d	孔径 d_0 (Z=2)	毂长 L (Z=2)	孔径 d_0 (Z=3)	毂长 L (Z=3)	孔径 d_0 (Z=4)	毂长 L (Z=4)	孔径 d_0 (Z=5)	毂长 L (Z=5)
75			38				38	
(80)						45		50
(85)	32							
90			33					
(95)							42	
100								
(106)				45				
112		45			42			
(118)								60
125	38			50		50		
(132)								
140			42				48	
150								
160					48			
180								
200	42							55
224		50	48					65
250					55	60		
280	48							
315			55				60	
355				60				
400	55	60			60	65		70
450			60					
500				65	65	70	65	
560								

槽型 B

基准直径 d_d	孔径 d_0 (Z=2)	毂长 L (Z=2)	孔径 d_0 (Z=3)	毂长 L (Z=3)	孔径 d_0 (Z=4)	毂长 L (Z=4)	孔径 d_0 (Z=5)	毂长 L (Z=5)	孔径 d_0 (Z=6)	毂长 L (Z=6)
175							42	50		
(132)	38		42	45	43	50			48	60
140							48	60		
150										
160				50	50				55	65
(170)	42		48		48					70
180					55	55	55	60	60	
200			50		50					
224	48				55	60	60			80
250							65	70	65	
280			55	60	60	65				
315	55	60					70			90
355									75	
400			60	65	65	70	70			100
450										
500	60	65					75			
560			65	75	70	85	75	90	80	105
(600)										
630					75	90			90	115
710			70	85						
(750)			75	90						
800					80	105	90	115	100	125
(900)										
1000			90	115	100	125	110	140		
1120										

注：(1) 表中孔径 d_0 的值系最大值，其具体数值可根据需要按标准直径选择。

　　(2) 括号内的基准直径尽量不予选用。

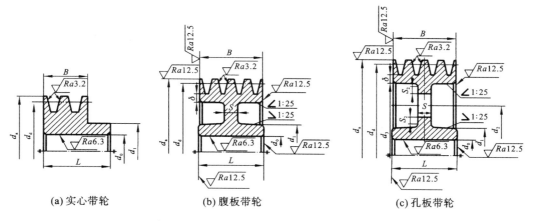

(a)实心带轮　　　　　(b)腹板带轮　　　　　(c)孔板带轮

图 F.1 普通 V 带轮典型结构

图 F.1 中：

$$d_1=(1.8\sim2)d_0\,,\quad S=\begin{cases}10\sim18\ \text{mm(A 型带)}\\14\sim24\ \text{mm(B 型带)}\end{cases}$$

$$S_1\geqslant1.5S\,,\quad S_2\geqslant0.5S\,,\quad d_2=\frac{d_1+d_3}{2}$$

$$B=(Z-1)e+2f\,,\quad e=\begin{cases}15\ \text{mm(A 型带)}\\19\ \text{mm(B 型带)}\end{cases}$$

$$f=\begin{cases}10\ \text{mm(A 型带)}\\12.5\ \text{mm(B 型带)}\end{cases}$$

图 F.2 所示为 V 带轮零件图。

2. 齿轮

图 F.3 至图 F.6 所示为几种圆柱齿轮的结构及尺寸。

图 F.3 中：

$$d_1\approx1.6d$$
$$l=(1.2\sim1.5)d\geqslant B$$
$$\delta_0=2.5m_n\geqslant8\sim10\ \text{mm}$$
$$D_0=0.5(D_1+d_1)$$
$$d_0=0.2(D_1-d_1)$$

当 $d_0<10$ mm 时，不钻孔，$n=0.5m_n$，n_1 根据轴的过渡圆角确定。

图 F.4 中：

$$d_1\approx1.6d\,,\quad l=(1.2\sim1.5)d\geqslant B$$
$$D_0=0.5(D_1+d_1)$$
$$d_0=0.25(D_1-d_1)\geqslant10\ \text{mm}$$
$$C_2=0.3B\,,\quad C_1=(0.2\sim0.3)B$$
$$n=0.5m_n\,,\quad r=5\ \text{mm}$$
$$\delta_0=(2.5\sim4)m_n\geqslant8\sim10\ \text{mm}\,,\quad D_1=d_f-2\delta_0$$

n_1 根据轴的过渡圆角确定。

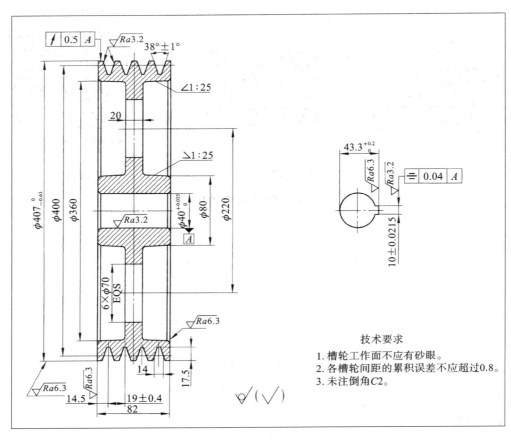

技术要求
1. 槽轮工作面不应有砂眼。
2. 各槽轮间距的累积误差不应超过0.8。
3. 未注倒角C2。

图 F. 2　V带轮零件图

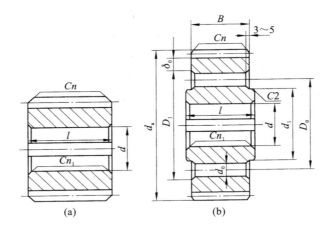

图 F. 3　锻造实心式圆柱齿轮($d_a \leqslant 200$ mm)

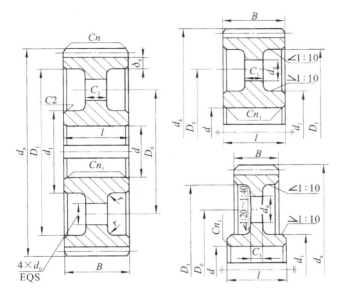

图 F.4　铸造腹板式圆柱齿轮$(d_a=200\sim500\ \text{mm})$

图 F.5　铸造圆柱齿轮

图 F.5 中：

$$d_1\approx1.6d(铸钢)或 d_1\approx1.8d(铸铁)$$

$$l=(1.2\sim1.5)d\geqslant B$$

$$\delta_0=(2.5\sim4)m_n\geqslant8\sim10\ \text{mm}$$

$$D_1=d_f-2\delta_0,\quad C_1=0.2B\geqslant10\ \text{mm}$$

$$D_0=0.5(D_1+d_1)$$

$$d_0=0.25(D_1-d_1),\quad n=0.5m_n$$

n_1、r 由结构确定。

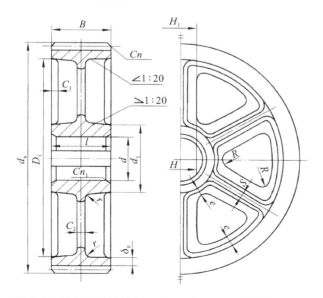

图 F.6　铸造圆柱齿轮$(d_a=400\sim1\ 000\ \text{mm}、B\leqslant200\ \text{mm})$

图 F.6 中：

$$d_1\approx1.6d(铸钢)或 d_1\approx1.8d(铸铁)$$

$$l=(1.2\sim1.5)d\geqslant B$$

$$\delta_0=(2.5\sim4)m_n\geqslant8\sim10\ \text{mm}$$

$$D_1=d_f-2\delta_0,\quad n=0.5m_n$$

$$H=0.8d,\quad H_1=0.8H$$

$$C_2=0.2H\geqslant10\ \text{mm},\quad C_1=0.8C$$

$$S=0.17H\geqslant10\ \text{mm},\quad e=0.8\delta_0$$

n_1、r、R 由结构确定。

3. 轴

图 F.7 为输入轴零件图，图 F.8 为齿轮轴零件图。

4. 减速器箱盖与箱座

图 F.9 所示为减速器箱盖零件图，图 F.10 所示为减速器箱座零件图。

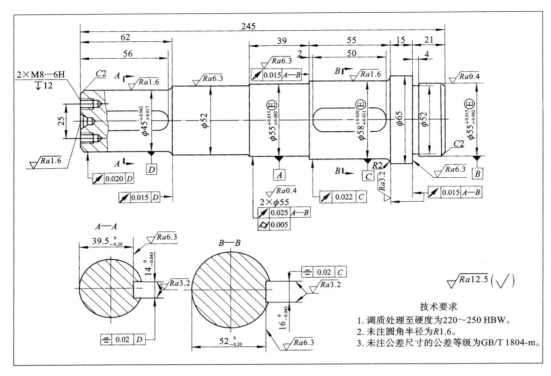

图 F.7　输入轴零件图

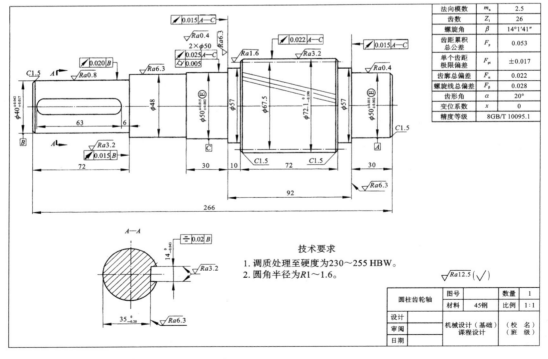

法向模数	m_n	2.5
齿数	Z_1	26
螺旋角	β	14°1′41″
齿距累积总公差	F_p	0.053
单个齿距极限偏差	F_{pt}	±0.017
齿廓总偏差	F_α	0.022
螺旋线总偏差	F_β	0.028
齿形角	α	20°
变位系数	x	0
精度等级	8GB/T 10095.1	

技术要求
1. 调质处理至硬度为230~255 HBW。
2. 圆角半径为R1~1.6。

圆柱齿轮轴	图号		数量	1
	材料	45钢	比例	1:1
设计			机械设计（基础）课程设计	（校 名）
审阅				（班 级）
日期				

图 F.8　齿轮轴零件图

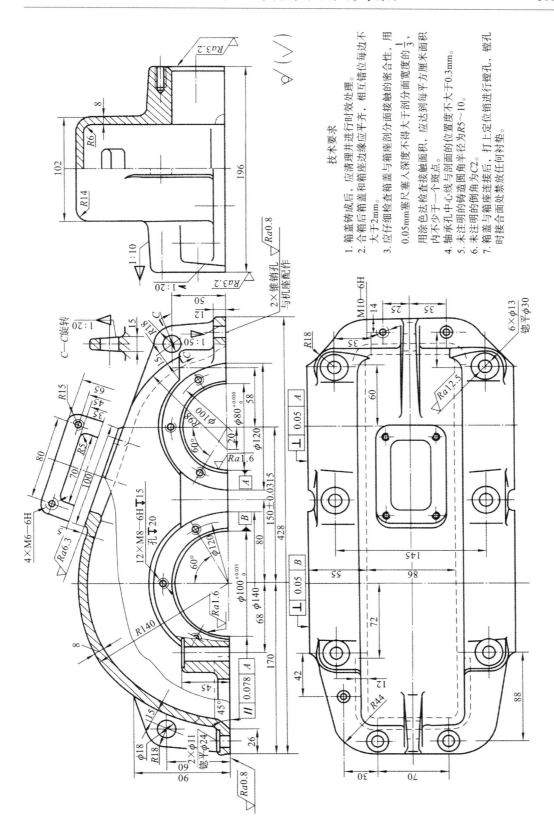

技术要求

1. 箱盖铸成后，应清理并进行时效处理。
2. 合箱后箱座和箱盖边缘应平齐，相互错位每边不大于2mm。
3. 应仔细检查箱座与箱盖剖分面接触的密合性，用0.05mm塞尺检查箱座接触面积，应达到剖分面宽度的$\frac{1}{3}$，用涂色法检查接触面积，应达到每平方厘米面积内不少于一个斑点。
4. 轴承孔中心线与剖面的位置度不大于0.3mm。
5. 未注明的铸造圆角半径为R5～10。
6. 未注明的倒角为C2。
7. 箱盖与箱座连接后，打上定位销进行镗孔，镗孔时接合面处禁放任何衬垫。

图 F.9　减速器箱盖零件图

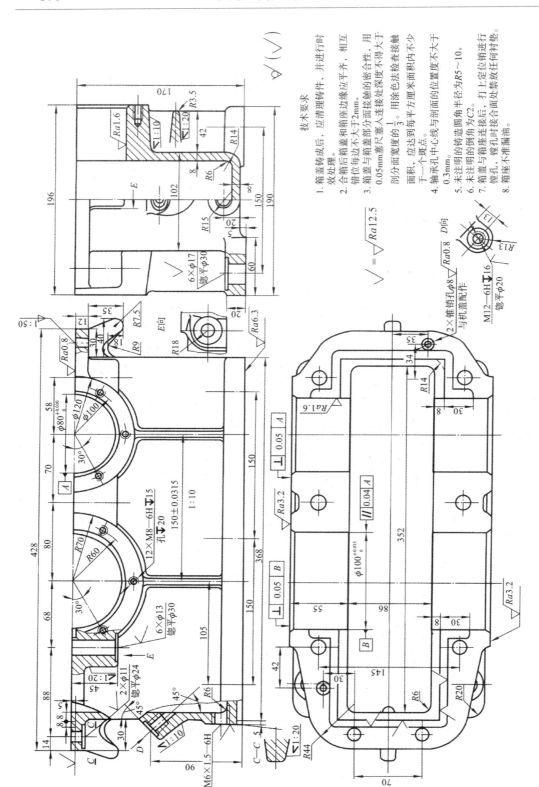

技术要求

1. 箱盖铸成后, 应清理铸件, 并进行时效处理。
2. 合箱后箱盖和箱座边缘应平齐, 相互错位每边不大于2mm。
3. 箱盖与箱座部分面接触的密合性, 用0.05mm塞尺塞入接触面接触深度不得大于剖分面宽度的 $\frac{1}{3}$。 用涂色法检查接触面积, 应达到每平方厘米面积内不少于一个斑点。
4. 轴承孔中心线与剖切面的位置度不大于0.3mm。
5. 未注明的铸造圆角半径为R5~10。
6. 未注明的倒角为C2。
7. 箱盖与箱座连接后, 打上定位销进行镗孔, 镗孔时接合面处禁放任何衬垫。
8. 箱座不准漏油。

图 F. 10 减速器箱箱座零件图

附录 G　减速器装配图参考图例

1．一级圆柱齿轮减速器

一级圆柱齿轮减速器装配图见插页Ⅰ、Ⅱ。

2．二级圆柱齿轮减速器

二级展开式圆柱齿轮减速器装配图见插页Ⅲ。

二级同轴式圆柱齿轮减速器装配图见插页Ⅳ。

参 考 文 献

［1］ 王莉静.机械设计基础［M］.武汉:华中科技大学出版社,2016.

［2］ 张玲莉,王莉静.机械设计基础课程设计指导书(一级圆柱齿轮减速器)［M］.2 版.武汉:华中科技大学出版社,2016.

［3］ 王大康,高国华.机械设计课程设计［M］.北京:机械工业出版社,2021.

［4］ 任秀华,张超,秦广久.机械设计基础课程设计［M］.3 版.北京:机械工业出版社,2020.

［5］ 芦书荣,张元越,徐学忠.机械设计课程设计［M］.西安:西北工业大学出版社,2020.

［6］ 冯立艳,李建功.机械设计课程设计［M］.北京:机械工业出版社,2021.

［7］ 龚溎义,罗圣国,李平林,等.机械设计课程设计指导书［M］.2 版.北京:高等教育出版社,2013.

［8］ 龚溎义,敖宏瑞.机械设计课程设计图册［M］.4 版.北京:高等教育出版社,2021.

［9］ 王莉静,郝龙,吴金文.互换性与技术测量基础［M］.武汉:华中科技大学出版社,2020.

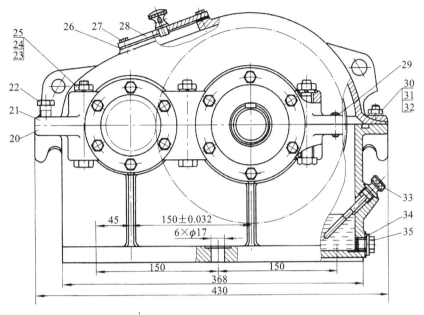

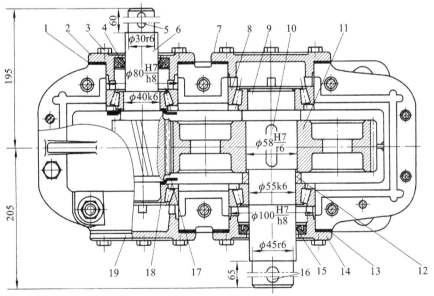

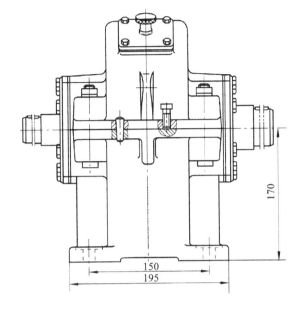

技术特性

输入功率/kW	高速轴转速/(r·min⁻¹)	传动比
4	572	3.95

技术要求

1. 啮合侧隙大小用铅丝检验，保证侧隙不小于0.16mm。铅丝直径不得大于最小侧隙的两倍。
2. 用涂色法检验齿轮齿接触斑点，要求齿高接触斑点不少于40%，齿宽接触斑点不少于50%。
3. 应调整轴承的轴向间隙，φ40为0.05~0.1，φ55为0.08~0.15。
4. 箱内装全损耗系统用油L-AN68至规定高度。
5. 箱座、箱盖及其他零件未加工的内表面，齿轮的未加工表面涂底漆并涂红色的耐油油漆。箱盖、箱座及其他零件未加工的外表面涂底漆并涂浅灰色油漆。
6. 运转过程中应平稳、无冲击、无异常振动和噪声。各密封处、接合处均不得渗油、漏油。剖分面允许涂密封胶或水玻璃。

35	螺塞M18×1.5	1	Q235	
34	垫片	1	石棉橡胶纸	
33	油尺	1		组合件
32	垫圈10	2		GB 93—87
31	螺母M10	2		GB/T 6170—2015
	螺栓M10×40	2		GB/T 5782—2016
30	销A8×30	2		GB/T 117—2000
29	视孔盖	1		焊接件
28	螺栓M6×16	4		GB/T 5782—2016
27	垫片	1	石棉橡胶纸	
26	垫圈12	6		GB 93—87
25	螺母M12	6		GB/T 6170—2015
24	螺栓M12×120	6		GB/T 5782—2016
23	螺栓M10×30	1		GB/T 5782—2016
22	箱盖	1	HT200	
21	箱座	1	HT200	
20	轴承端盖	1	HT150	
18	轴承30208	2		GB/T 297—2015
17	挡油盘	2	Q235	
16	键14×56	1		GB/T 1096—2003
15	油封B5072			GB/T 13871.1—2007
14	轴承端盖	1	HT150	
13	调整垫片	2组	08F	
12	套筒	1	Q235	
11	齿轮	1	45	
10	键16×63	1		GB/T 1096—2003
9	轴	1	45	
8	滚动轴承30211	2		GB/T 297—2015
7	轴承端盖	1	HT150	
6	齿轮轴	1	45	
5	键8×50	1		GB/T 1096—2003
4	油封B3555	1		GB/T 13871.1—2007
3	螺栓M8×20	24		GB/T 5782—2016
2	轴承端盖	1	HT150	
1	调整垫片	2组	08F	
序号	名称	数量	材料	备注

一级圆柱齿轮 减速器		图号		比例	
		数量		第 张	
		质量		共 张	
设计			机械设计（基础）课程设计		（校 名）
审阅					（班 级）
日期					

图 G.1　一级圆柱齿轮减速器装配图（一）

I

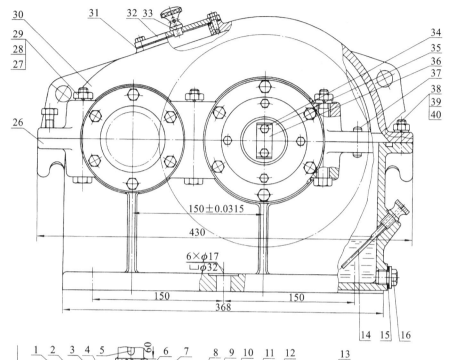

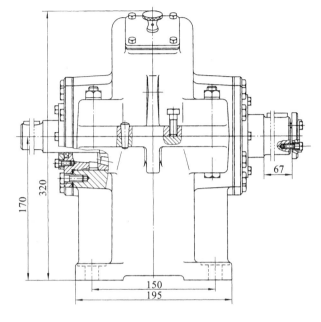

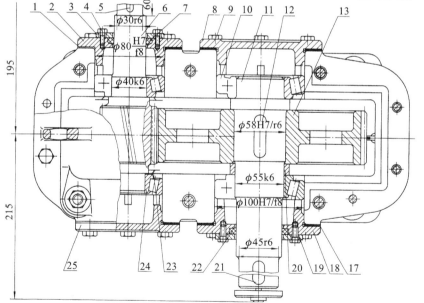

40	垫圈10	2	65Mn	GB 93—87
39	螺母M10	2	Q235A	GB/T 6170—2015
38	螺栓M10×35	3	Q235A	GB/T 5782—2016
37	销8×30	2	35	GB/T 117—2001
36	止动挡圈	1	Q215	
35	轴端圈	1	Q235A	
34	螺栓M6×20	2	Q235A	GB/T 5782—2016
33	通气器	1	Q235A	
32	窥视孔盖	1	Q215	
31	垫片	1	石棉橡胶纸	
30	机盖	1	HT200	
29	垫圈12	6	65Mn	GB 93—87
28	螺母M12	6	Q235A	GB/T 6170—2015
27	螺栓M12×100	6	Q235A	GB/T 5782—2016
26	机座	1	HT200	
25	轴承端盖	1	HT150	
24	轴承30208	2		
23	挡油环	2	Q235A	
22	毡圈油封	1	半粗羊毛毡	
21	键14×9×56	1	45	GB/T 1096—2003
20	定距环	1	Q235A	
19	密封盖	1	Q235A	
18	轴承端盖	1	HT150	
17	调整垫片	2组	08F	
16	螺塞	1	Q235A	
15	垫片	1	石棉橡胶纸	
14	油标尺	1		组合件
13	大齿轮	1	40	$m_n=3, z=79$
12	键16×10×56	1	45	GB/T 1096—2003
11	轴	1	45	
10	轴承30211	2		
9	螺钉M8×25	24	Q235A	GB/T 5782—2016
8	轴承端盖	1	HT200	
7	毡圈油封	1	半粗羊毛毡	
6	齿轮轴	1	45	$m_n=3, z=20$
5	键8×7×50	1	45	GB/T 1096—2003
4	螺钉M6×16	12	Q235A	GB/T 5782—2016
3	密封盖	1	Q235A	
2	轴承端盖	1	HT200	
1	调整垫片	2组	08F	
序号	名称	数量	材料	备注

齿轮减速器		图号	比例
		质量	数量
设计	(姓名)	(日期)	(校名)	共 页
审核	(姓名)	(日期)	(班号)	第 页

一级圆柱齿轮减速器

技术特性

功率：4 kW　　高速轴转速：572 r/min　　传动比：3.95

技术要求

1. 装配前，所有零件用煤油清洗，滚动轴承用汽油清洗，机体内不许有任何杂物存在。内壁涂上不被机油侵蚀的涂料两次。

2. 啮合侧隙用铅丝检验不小于0.16mm。铅丝不得大于最小侧隙的四倍。

3. 用涂色法检验斑点，按齿高接触点不小于40%，按齿长接触斑点不小于50%。必要时可研磨或刮后研磨，以便改善接触情况。

4. 应调整轴承轴向间隙，ϕ40为0.05～0.1mm，ϕ55为0.08～0.15mm。

5. 检查减速器剖分面、各接触面及密封处，均不许漏油。剖分面允许涂以密封油漆或水玻璃，不允许使用任何填料。

6. 机座内装HJ-50润滑油至规定高度。

7. 表面涂灰色油漆。

图 G.2　二级圆柱齿轮减速器装配图（二）

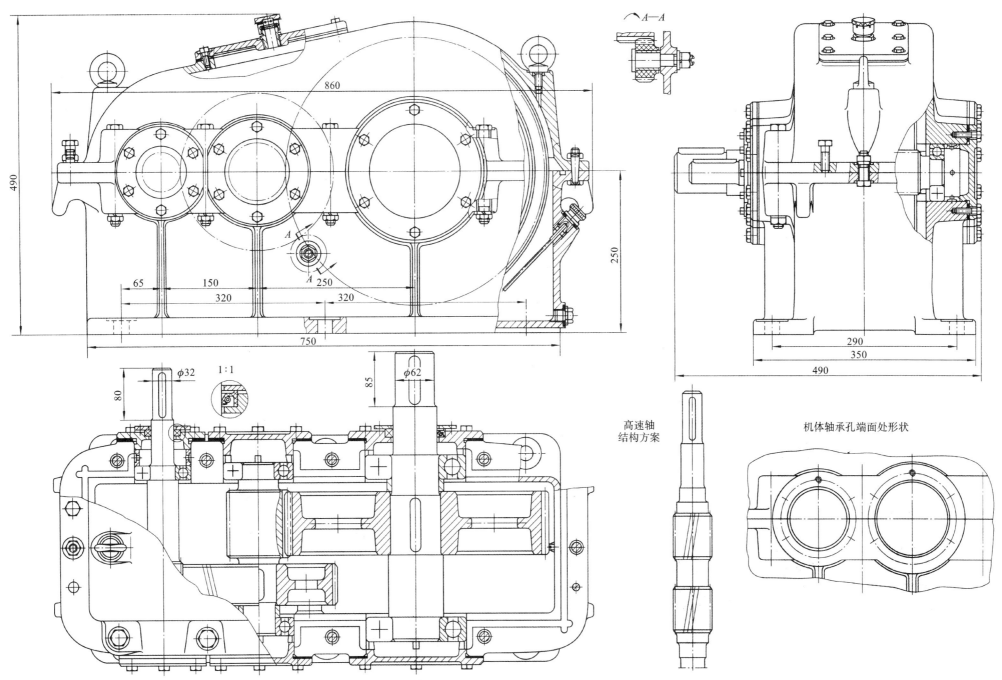

860

490

250

65　150　A　250

320　320

750

290

350

490

φ32　1:1

80

85　φ62

A—A

高速轴
结构方案

机体轴承孔端面处形状

注：二级圆柱齿轮减速器能实现较大的传动比，因而用得较广。其中各级传动比的不同分配方案，将影响减速器的重量、外观尺寸及润滑状况。图中采用了单列向心球轴承，稀油润滑，润滑油由油沟经端盖上的孔流入轴承。为了防止套筒上的油孔错位，堵住油通路，将套筒外圆中间部分的直径做得比较小一些。为了第一级两个齿轮的润滑，设置了如A—A剖视图上所示的小齿轮。在高速轴上有时铣出两个齿轮（见高速轴方案），一个工作，一个备用。

图 G.3　二级展开式圆柱齿轮减速器

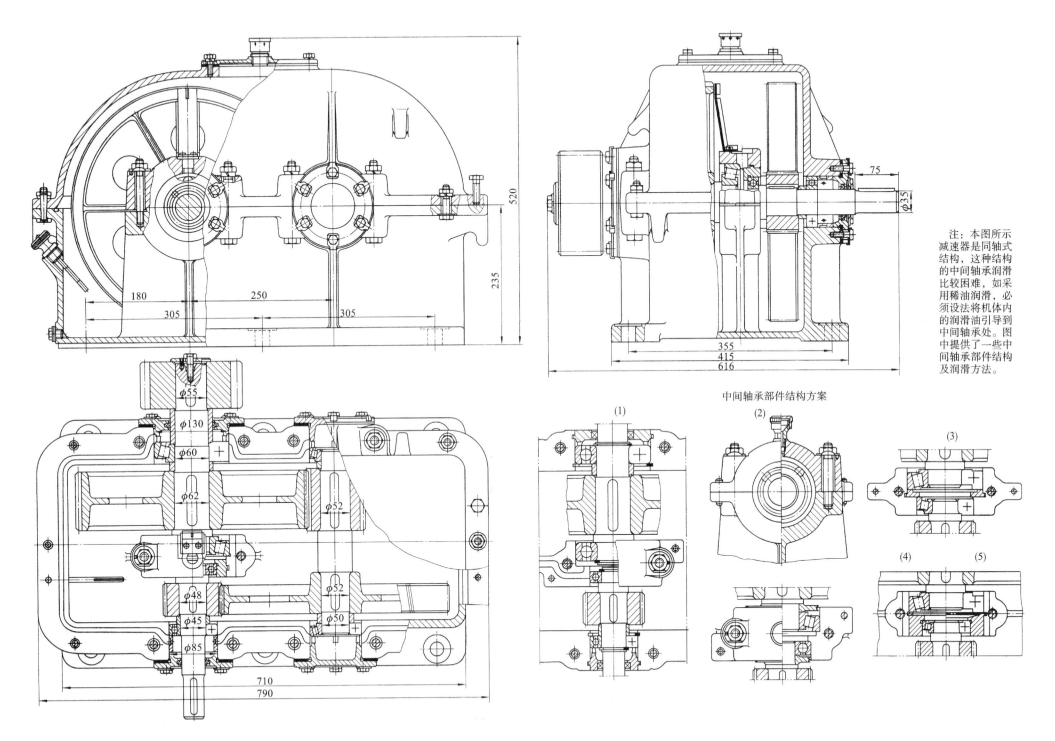

注：本图所示
减速器是同轴式
结构，这种结构
的中间轴承润滑
比较困难，如采
用稀油润滑，必
须设法将机体内
的润滑油引导到
中间轴承处。图
中提供了一些中
间轴承部件结构
及润滑方法。

中间轴承部件结构方案

图 G.4　二级同轴式圆柱齿轮减速器